1+X“无人机拍摄”
职业技能等级证书培训教材

无人机拍摄
（中级）

中大国飞（北京）航空科技有限公司 组织编写
侯俊锋 主编

化学工业出版社
·北京·

内容简介

本书根据教育部职业教育发展中心公布的《无人机拍摄职业技能等级标准》中对中级部分的要求编撰而成，是以相关知识点系统学习为前提基础，着重于无人机拍摄的职业技能培训、考核和评价。

本书以必备知识、实用技术、主流设备为重点，通过任务式教学，将理论知识与技能实施相结合，使学生可以按照设备厂商提供的使用手册安装无人机系统和任务载荷，操纵无人机在视距内和超视距场景下拍摄，并导出、整理、保存、编辑拍摄数据。

本书是1+X“无人机拍摄”职业技能等级证书（中级）培训教材，可作为高职高专院校的无人机相关专业的应用教学用书，也可作为从事无人机拍摄相关社会从业人员的参考用书。

图书在版编目（CIP）数据

无人机拍摄：中级 / 中大国飞（北京）航空科技有限公司组织编写；侯俊锋主编 .—北京：化学工业出版社，2023.5

1+X“无人机拍摄”职业技能等级证书培训教材

ISBN 978-7-122-43090-8

Ⅰ.①无… Ⅱ.①中… ②侯… Ⅲ.①无人驾驶飞机－航空摄影－职业技能－鉴定－教材 Ⅳ.①TB869

中国国家版本馆 CIP 数据核字（2023）第 044226 号

责任编辑：葛瑞祎
文字编辑：吴开亮
责任校对：刘曦阳
装帧设计：刘丽华

出版发行：化学工业出版社
（北京市东城区青年湖南街 13 号　邮政编码 100011）
印　　装：河北鑫兆源印刷有限公司
787mm×1092mm　1/16　印张 9　字数 183 千字
2023 年 7 月北京第 1 版第 1 次印刷

购书咨询：010-64518888
售后服务：010-64518899
网　　址：http://www.cip.com.cn
凡购买本书，如有缺损质量问题，本社销售中心负责调换。

定　　价：54.00 元

1+X“无人机拍摄”
职业技能等级证书培训教材
编写委员会

前言

2019年《国务院关于印发国家职业教育改革实施方案的通知》（国发〔2019〕4号）下发后，教育部等四部门印发《关于在院校实施“学历证书+若干职业技能等级证书”制度试点方案》通知，随后教育部职业技术教育中心研究所（现更名为教育部职业教育发展中心）等单位公布了一系列职业技能等级标准。这些政策法规性文件的出台，为无人机拍摄职业技能培训、考核与评价提供了依据，也引起了相关院校和社会的广泛关注。

为适应新形势的要求，切实按照《无人机拍摄职业技能等级标准》的相关要求，搞好培训、考核与评价工作，中大国飞（北京）航空科技有限公司组织相关单位和专业人员编撰了1+X“无人机拍摄”职业技能等级证书（中级）培训教材，以供中等职业学校、高等职业院校及应用型本科院校的无人机拍摄教学使用。本书以必备知识、实用技术、主流设备为重点，通过理论知识与技能实施相结合的方式，使学生可以按照设备厂商提供的使用手册安装无人机系统和任务载荷，操纵无人机在视距内和超视距场景下拍摄，并导出、整理、保存、编辑拍摄数据。

本书由中大国飞（北京）航空科技有限公司组织编写，侯俊锋主编，参与编写的还有李开延、赵锦坤、刘孙相与、苏郁闻、郝文雪、谷圣洁、侯贝贝、张福久、王帅东、张中、赵雪冬、杨诺。本书在编写过程中得到了中国民航飞行员协会、北京优云智翔航空科技有限公司、北京蓝天飞扬科技有限公司、辽宁省航空运输协会、辽宁金鹿通用航空有限公司等国内众多单位和专家学者的支持，在此一并表示感谢。

随着电子产品的技术迭代，无人机拍摄从设备到应用技术都在不断发展变化，限于编写人员水平，书中难免存在一些疏漏，望读者批评指正。

编者

2023年2月

目录

1

任务模块2 任务操作 / 021

3

任务模块3 后续处理 / 081

任务模块 1

前期准备

证书技能要求

职业技能等级标准描述中飞行准备部分见下表。

工作任务	职业技能
系统安装	①能按照作业需要安装航拍航摄设备至无人机机体 ②能按照地面站运行要求完成地面站搭设 ③能按照运行要求完成链路硬件搭设 ④能依据作业规范，完成无人机平台、航拍航摄设备与地面站的连接
任务载荷调试	①能根据任务需求，对航拍航摄设备与地面站进行联调 ②能操作地面站界面进行设备模拟作业测试 ③能根据作业程序对设备作业参数进行调整 ④能根据作业程序对无人机飞行参数进行调整
系统飞行前检查	①能按照飞行手册完成无人机机身与接线检查 ②能完成航拍航摄设备在机体上的重量与配平调整 ③能按照安全操作程序完成飞行控制链路检查 ④能按照安全操作程序完成图像传输链路检查

任务模块引入

在初级教材中，已经讲授了无人机拍摄前期准备阶段的一些基础知识和技能，本任务模块是在初级教材基础上的进阶学习。为提高所学知识和技能的实用性，教学选择普及度较高的民用消费级、专业级、行业级无人机和任务载荷，以及通用地面站为对象，通过相关知识点的学习，引申到实际操作，系统性地锻炼学员在无人机拍摄前期准备阶段的技能。

知识技能分解导引

任务模块	分类	结构	教学要点
前期准备	搭建地面站控制系统	知识	地面站 车载地面站 携行地面站 移动地面站
		技能	选择地面站 安装地面站 调试地面站

续表

任务模块	分类	结构	教学要点
前期准备	对接无人机	知识	固定翼无人机 多旋翼无人机 其他无人机
		技能	选择无人机 安装无人机 调试无人机链路
	对接任务载荷	知识	云台 相机 任务载荷
		技能	选择任务载荷 安装任务载荷 调试任务载荷

条件准备

教学地面站

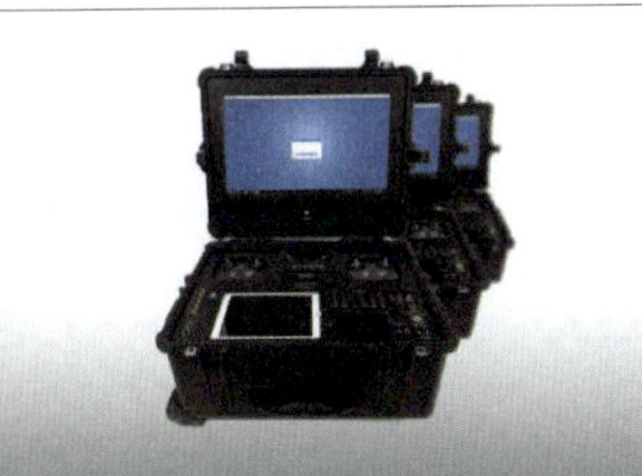
携行地面站

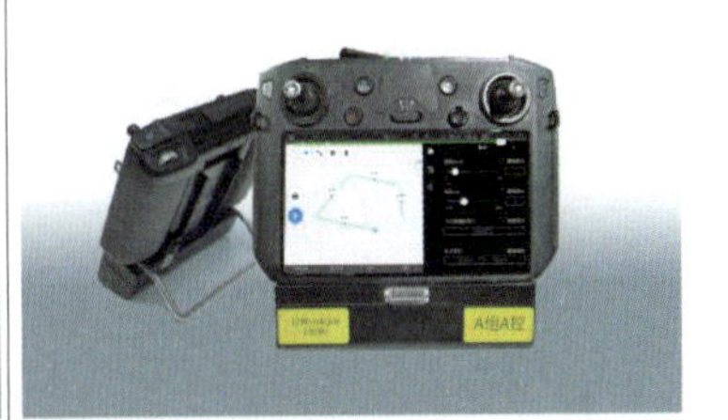
移动地面站

多翼型结合的无人机

多旋翼无人机

大疆经纬 300RTK 无人机

GoPro 具有增稳功能的相机

微单相机与如影云台的组合

大疆禅思 H20 系列云台相机

1.1 搭建地面站控制系统

无人机在视距内执行飞行和拍摄任务，可通过手持遥控器操作完成。视距内（visual line of sight）是指无人机在操控员与之保持直接目视视觉接触的范围，且该范围水平半径不大于 500m，航空器相对高度不高于 120m。无人机在最大视距以外，则称为超视距（beyond visual line of sight），超视距飞行拍摄需要特殊的遥控装置——地面站。

知识

1.1.1 地面站

地面控制站（ground control station，GCS）也称无人机控制站（UAV control station），简称地面站。地面站是指具有对无人机飞行平台和任务载荷进行监控和操纵能力的设备系统，是整个无人机系统的指挥控制中心。地面站主要包括飞行监控系统、通信传输系统、载荷控制系统以及地面综合保障系统等。地面站系统模块结构示意图如图 1.1 所示。

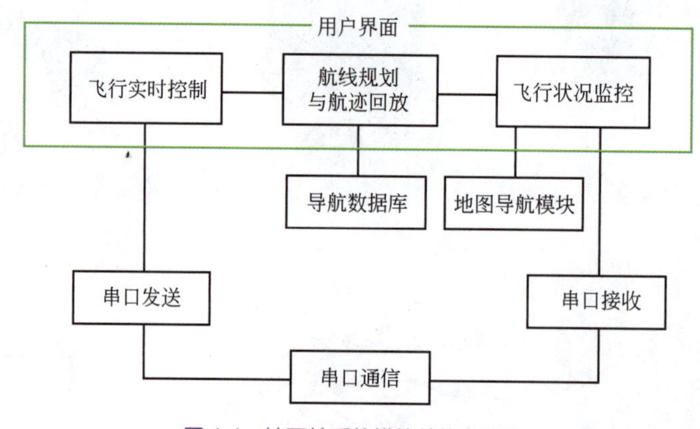

图 1.1　地面站系统模块结构示意图

1.1.2 车载地面站

车载地面站是集成在车厢或方舱内的地面站。车载地面站体积较大、功能较全、机动性强，适合多种机型的操控，是地面站中的“大哥大”和“全能型选手”。图 1.2 是常见的车载地面站外观和地面站车内布局。

1.1.3 携行地面站

携行地面站是集成在小型防护箱内的地面站，其体积和重量适合单人手提携带，能满足多种机型的操控。这类小型防护箱多采用 LLDPE 材质，经滚塑工序处理，具有很好的防水和抗冲击性能，且自重较轻，方便携行。图 1.3 是常见的携行地面站。

图 1.2　常见的车载地面站外观和地面站车内布局

图 1.3　常见的携行地面站

1.1.4　移动地面站

移动地面站是集成在手持遥控器内的地面站。移动地面站集成度高，体积和重量适合手持操控，兼顾普通遥控器的功能，便于无人机操控员在视距内和超视距两个应用场景中任意切换。移动地面站与普通遥控器最主要的区别是，地面站具有航点、航线和拍摄动作规划与执行功能。图 1.4 是常见的移动地面站。

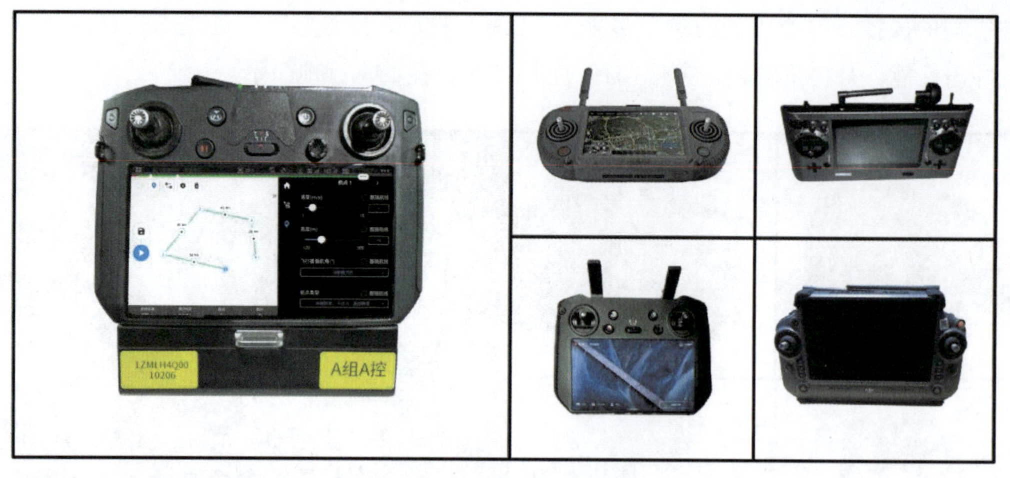

图 1.4　常见的移动地面站

技能

1.1.5　选择地面站

地面站的用途决定着对地面站功能和性能等技术指标的要求。由于地面站的功能和性能不同，制造成本不同，而且制造成本差别大。因此，选择地面站应以用途为主。

（1）用于教学的地面站

教学用地面站以室内机上模拟作业和考试为主，能满足多少人同时上机操作是一项主要指标，对系统功能模块数量和性能技术指标要求不高，只要能进行航线编辑、模拟飞行、任务载荷动作设置以及机上模拟考试，就能满足大多数教学培训要求。图 1.5 所示是吉林省长春市蓝航天际无人机培训基地建设的标准化地面站教室。

图 1.5　标准化地面站教室

（2）用于执行普通拍摄任务的地面站

此类地面站要有满足航线编辑、模拟飞行、实际飞行、任务载荷控制、数据实时回传等功能，要求性能稳定。遇到天气突然变化、设备出现异常等情况时，应具备随时调整航点和航线，实现快速返航降落的应急处置能力。图 1.6 是使用移动地面站通过规划航线超视距操控无人机拍摄的场景。

图 1.6　使用移动地面站通过规划航线超视距操控无人机拍摄的场景

（3）行业应用拍摄的地面站

此类地面站对硬件和软件的要求高，要能满足某种行业应用的特殊需求，如电力巡检、湖河查巡、安防警戒、矿区巡逻、林区巡逻、油田巡逻、消防侦测、救灾支援、地形测绘、农作物估产、化工气体泄漏侦测等，执行的任务不同，对巡航里程、续航时间、无线传输距离、航点精度、航线规划、任务载荷动作控制等要求也会有所不同。总的要求是功能齐全、定位精准、性能稳定、使用方便。图 1.7 是使用车载地面站通过航点、航线规划和任务载荷动作预设，操控无人机执行超视距拍摄任务的工作现场。

图 1.7　使用车载地面站操控无人机拍摄的工作现场

1.1.6 安装地面站

地面站安装包括硬件安装和软件安装两个部分。

硬件安装是指地面站设备部件的搭建与组装。如用于教学的地面站，需要在教室内进行坐席布置、计算机选配、电源线路布设等。如果选用服务器带多终端组网教学，还需要进行服务器、路由器和网线的布设。用于执行普通拍摄任务的地面站和行业应用拍摄的地面站，均在室外使用，需要便于携带、功能齐全、性能稳定。不论是使用车载式多功能地面站、防护箱式便携地面站还是手持式移动地面站，都需要进行主要部件的选择和装配。

软件安装是指地面站硬件装配完成后，选择一款适合的地面站软件进行安装。地面站品牌很多，多数由生产无人机飞行控制器的厂商生产，因此选择地面站与选择无人机品牌有密切关系。如教学用无人机选择哪个品牌，主要考虑能否满足教学应用，从功能和性能上要比用于影视拍摄的无人机要求低，因此无人机选择的范围较宽，同样地面站选择的余地也会更大。有些无人机生产厂商专门针对教学用地面站生产成套设备，其性价比会较高。如果是行业应用选用的地面站，由于各个行业对无人机和任务载荷的功能模块以及性能指标都有一些特定要求，地面站选择的余地就会较小。如对定位精准度有较高要求，就需要无人机具有RTK功能；再如对远程长航时有要求，就要考虑无人机的动力电池电量和通信传输能力；再有对任务载荷有较高要求，还要考虑无人机搭载的重量极限。若特殊要求较多，市场上现有品牌机型都不能满足时，只能根据实际需求，选择有能力的厂商量身定制特殊的地面站和无人机平台，以及任务载荷。

图1.8是为满足室外教学培训将一套地面站软件安装在计算机上，通过计算机和无人机通信端口上安装的一对无线电收发天线实现地面站对无人机的控制。

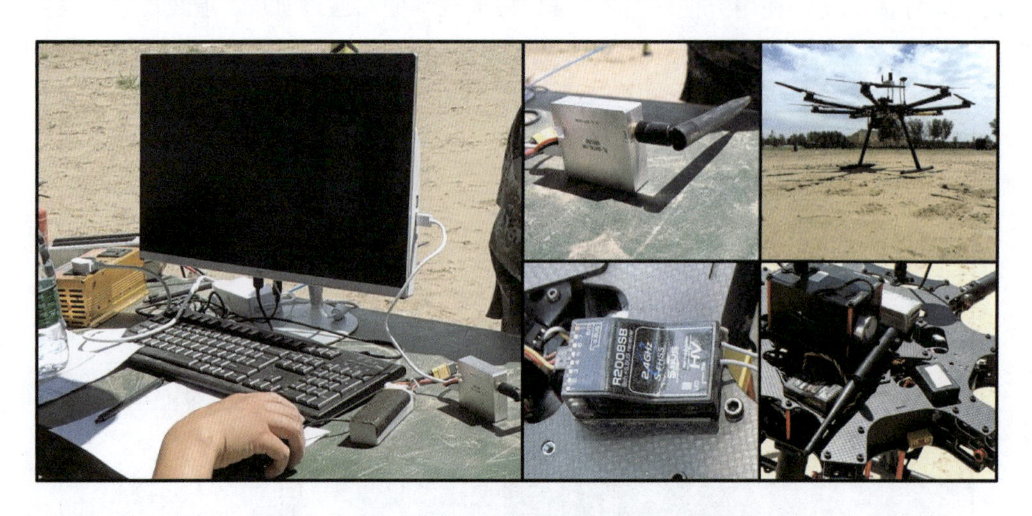

图1.8　在计算机上安装地面站软件链接无人机的现场

1.1.7 调试地面站

地面站是由硬件和软件组成的一套无人机控制系统，其软件的调试是直接关系到应用效果的重要环节。地面站软件种类很多，如 Pix4Dcapture、Altizure、DatuFly、Umap、DJI GS Pro、Skycatch、智巡者、Litchi、DronePan，有的侧重于测绘应用，有的侧重于拍摄应用。不论哪种应用，调试都将包括以下内容。

（1）飞行控制器调试

飞行控制器可分为开源与闭源两类，常见的开源飞行控制器有 APM、AutoQuad、Pixhawk、PIX、PX4、Paparazzi、OpenPilot、KK、MWC、MicroCopter、MNAV+Stargate、rossbow 等型号，常见的闭源飞行控制器有 A2、A3、AP101、EAGLE N6、FF、IFLY40、Kestrel、MK、MicroPilot、NP100、PILOT UP、Piccolo、Procerus、QQ、WKM 等型号。可供调试飞行控制器参数的软件有很多，可根据飞行控制器的品牌型号选择合适的软件。不论使用哪种调试软件，基本步骤都包括机架构型的设置、传感器和控制部件的校准等。如加速度计校准、电子罗盘校准、USB 串口驱动、数传和图传模块设置、UBEC 电压调试等，都是必不可少的调试内容。

（2）遥控器调试

将遥控器配套的无线电接收机与飞行控制器进行链路连接，完成遥控器与无人机端无线电接收机对频，定义遥控器通道功能，校准遥控器各通道行程和杆度，确保地面站与遥控器能随时切换操控无人机。在使用地面站操控无人机的大环境中，遥控器成了辅助工具，容易不受重视，但在无人机起飞降落阶段，特别是遇到紧急情况需要手动控制处理时，遥控器是必不可少的。因此，使用前应通过调试，确保遥控器处于良好状态。

（3）动力系统调试

动力系统调试主要是进行全面连接通电检测，确认飞行控制器、电调、舵机、电动机、接收机、数据传输、图像传输、摄像头等部件供电正常，无断路和短路现象。为防止出现意外，动力系统调试应先采取不安装螺旋桨的调试方式。待动力系统各部件调试完成后安装螺旋桨，并且到不会有人闯入并远离障碍物的空旷场地试机。只有通过实际飞行测试，才能检验前面所有调试是否有漏项或调试不到位的问题。无人机起飞后出现不正常状态及其原因有可能是以下几种：在姿态模式下往一个方向飘，有可能是陀螺仪未校准或电动机转速不平衡；在 GPS 模式下飘移、画圈、飞不出直线，有可能是 GPS 天线与机架距离过近，受到了电动机的电磁干扰；在姿态模式和 GPS 模式下都自旋，有可能是电动机安装水平度不够；飞机晃动幅度较大无法自稳，有可能是无人机振动幅度超出了 IMU 测量范围。图 1.9 是结合无人机试飞，查找地面站异常情况，并进行调试修正的工作场景。

图 1.9 调试车载地面站的工作场景

考核

（1）笔试考核（5min）

在规定时间内完成以下 4 道问答题。

① 地面站的英文缩写是什么？

② 地面站由哪些主要系统模块构成？

③ 选择地面站需考虑哪些主要因素？

④ 地面站与普通手持遥控器的最大区别是什么？

（2）实践考核（10min）

分小组在规定时间内，将一套地面站软件安装在指定的计算机上，通过计算机和无人机通信端口上安装的一对无线电收发天线实现地面站对无人机的控制，并进行相应记录。

① 准备器材。地面站软件、计算机、无人机、一对无线电收发天线。

② 进行分组。3 人为 1 组，2 人进行实践操作，1 人进行作业记录。

③ 考核要求。按流程进行操作，完成软件安装、天线安装和链路调试，记录遇到的问题和解决方法。

（3）课后要求

以小组为单位，练习地面站软件的安装，熟悉地面站主要功能界面的使用。

1.2
对接无人机

知识

1.2.1　固定翼无人机

固定翼（fixed wing）无人机，指动力驱动的重于空气的一种无人机（图 1.10），其飞行升力主要由给定飞行条件下保持不变的翼面产生。固定翼无人机靠螺旋桨产生的推力作为飞机向前飞行的动力，升力主要来自机翼与空气的相对运动。因此，固定翼无人机要靠速度维持升力，适合长航时、高速、高空飞行。

图 1.10　固定翼无人机

1.2.2　多旋翼无人机

多旋翼（multi-rotor）无人机，指一种重于空气的无人机（图 1.11），其飞行升力主要由多个动力驱动的旋翼产生，其运动状态改变的操纵一般通过改变旋翼转速来实现。多旋翼无人机与固定翼无人机相比，最大优势是可以原地垂直起飞、降落，空中可以悬停和朝着不同方向运动。

1.2.3　其他无人机

无人机的种类很多，数不胜数，如果从无人机拍摄应用的角度看，以下几种无人机可以关注和了解一下。

图 1.11　大疆创新生产的经纬 M300RTK 无人机

（1）垂起固定翼无人机

垂起固定翼无人机（图 1.12）是指在固定翼无人机上加装多旋翼的无人机，也称复合翼型无人机。这种无人机保留了固定翼无人机飞行速度快、气动性能好、节省电量或油料、适合远程高空飞行等优点，又增加了多旋翼无人机能垂直起降、变向飞行和空中悬停的优势。固定翼使用汽油发动机，续航时间长，性价比高；多旋翼使用锂电池，体积小、重量轻、动力足。两种动力系统结合使用，优势互补。

图 1.12　锦程航空生产的“空神 -36”小型垂起固定翼无人机

（2）无人直升机

无人直升机（图 1.13）是指一种重于空气的无人机，其飞行升力主要由在垂直轴上一个或多个动力驱动的旋翼产生，其运动状态改变的操纵一般通过改变旋翼桨叶角来实现。无人直升机载重量大、飞行时间长、抗风能力强、机动性好，但制造和维护成本高，噪声大。早期航拍主要使用无人直升机，后来逐步被成本低、易操作的多旋翼无人机替代。

图 1.13　锦程航空生产的 JC120H 无人直升机

(3) 扑翼无人机

扑翼无人机（图 1.14）是指模仿鸟类或昆虫的飞行器，其飞行需要同时获得空气对其在水平和竖直方向上足够的反作用力（即推力和升力）。扑翼无人机的动力来源是空气对无人机的反作用力。扑翼无人机的优点是伪装性好、噪声小，缺点是载重量小，其飞行控制理论还处在学术研究探索阶段。

图 1.14　北航专家团队研制的扑翼无人机

技能

1.2.4 选择无人机

选择无人机的依据主要是看执行拍摄任务的需求。例如，执行远距离、长航时、快速度飞行，可选择固定翼无人机；执行近距离、短航时、慢速度飞行，可选择多旋翼无人机或无人直升机；执行低噪声、较为隐蔽的飞行，可选择扑翼无人机。人们可选购市场上销售的成品机型，也可以根据特殊要求定制组装个性化机型。以在某山区拍摄地面目标为例：一是目标处在大山深处，车辆和人员不易抵达，只能采用地面站超视距操控拍摄；二是目标区拍摄既要看到地形全貌，又要看清局部近处细节，最好采用变焦倍数较大的相机镜头；三是飞行线路、拍摄位置需要精准，有 RTK 功能的无人机和地面站可满足要求。综合以上需求，执行拍摄任务的理想设备是大疆创新生产的经纬 M300RTK 无人机和配套的云台相机，如图 1.15 所示。

图 1.15 选择大疆创新生产的经纬 M300RTK 无人机执行任务

1.2.5 安装无人机

通常安装一台无人机需要三个步骤。第一步是组装机体部件，如机体支架、固定面板等结构部件，IMU、GPS、电子罗盘、接收机等飞行控制部件，电池、电调、舵机、电动机、螺旋桨等动力部件。第二步是调整飞行控制参数，保证无人机各个传感器处于正常状态，能平稳运行。第三步是在完成硬件组装和软件调试后，应选择安全的场地进行开机通电检查和先无桨再有桨的起飞测试。如执行本次任务因选择了成品无人机，可免去组装，直接从包装箱内取出，拆除支护物件，展开无人机，安装动力电池（图 1.16）和云台相机，即可使用。

图 1.16　为大疆经纬 M300RTK 无人机安装电池

1.2.6　调试无人机链路

组装的无人机，需要通过地面站通信端口安装无线电接收机，与无人机端的无线电接收机完成链路对接。将地面站上规划好的航线上传至无人机飞行控制器，逐项检测起飞、悬停、调整高度、修改航点、变更航线和执行返航命令等遥控操作。选用技术成熟的成品无人机，只需要安装好无人机的动力电池和云台相机，开启具有地面站功能的遥控器，检查、对频连机后，查看数据链路状态和 RTK 网络信号强度，如图 1.17 所示。

图 1.17　调试前检查移动地面站 RTK 部件安装情况

考核

（1）笔试考核（5min）

在规定时间内完成以下4道问答题。

① 固定翼无人机的优点有哪些？

② 多旋翼无人机的优点有哪些？

③ 垂起固定翼无人机适合执行什么样的拍摄任务？

④ 扑翼无人机扑翼时产生的动力朝哪个方向？

（2）实践考核（10min）

分小组在规定时间内，用地面站软件检查无人机的动力电池电量、估计续航时间，设置返航位置、返航高度、返航模式等，并进行相应记录。

① 准备器材。地面站软件、计算机、无人机。

② 进行分组。3人为1组，2人进行实践操作，1人进行作业记录。

③ 考核要求。按流程进行操作，完成检查和设置项目，记录遇到的问题和解决方法。

（3）课后要求

以小组为单位，使用地面站检查无人机的状态和设置主要功能。

1.3 对接任务载荷

知识

1.3.1 云台

在传统摄影器材中，云台指安装在三脚架上方用来连接三脚架和相机的中间构件。无人机云台指无人机挂载任务载荷的连接增稳部件。无人机云台已经不是机械部件的简单结构组合，而是集机械连接部件与电子控制芯片于一体的增稳控制系统。无人机云台与传统摄影器材中的云台相比，有比较明显的区别：一是具有动态稳像功能，能有效消除无人机振动和气流扰动等因素的影响；二是具有全空间方位转动功能，如三轴云台通过三个轴向的电动机、陀螺仪和加速度计，能够实现航向角、俯仰角和滚转角的可控调节；三是可遥控拍摄。大疆创新生产的“如影 RONIN 2”三轴云台如图1.18所示。

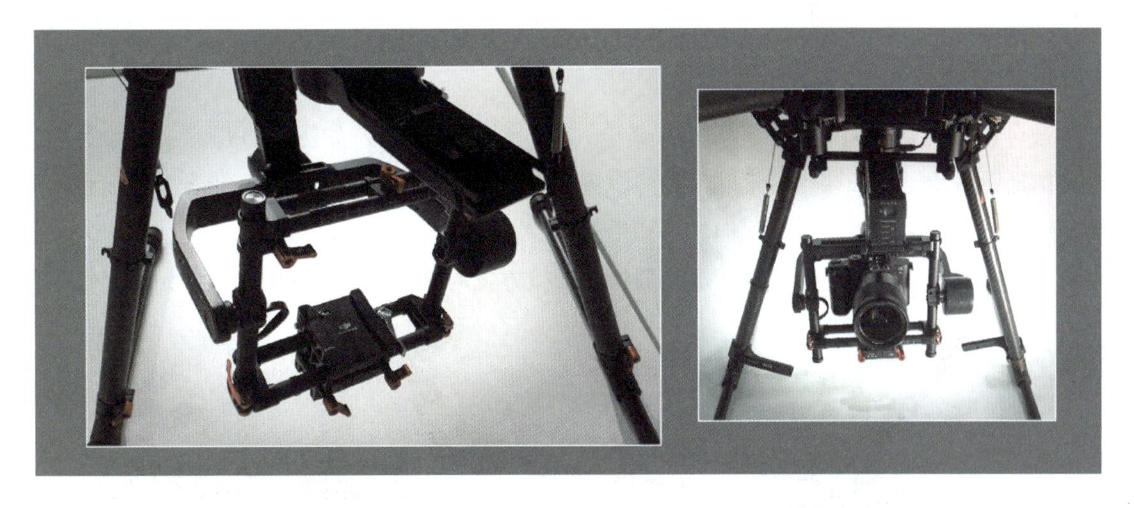

图 1.18　大疆创新生产的“如影 RONIN 2”三轴云台

1.3.2　相机

在数码摄影器材出现之前，照相机与摄像机是两类器材。照相机使用胶片记录影像，拍摄的是静态影像。摄像机使用磁带记录影像，拍摄的是动态影像。数码影像技术出现后，胶片和磁带都成为历史，取而代之的是能够捕捉和记录光子的电子感光器件 CCD 和 CMOS 传感器。随着传感器加工制作技术的发展，传感器的尺寸越做越大，单位面积上的像素记录单元越做越密，感光性能、成像效果越来越好。成熟的数码影像技术驱使照相机与摄像机渐渐融为一体。数码摄影器材的小型化、轻量化，为无人机搭载使用创造了条件，如图 1.19 所示。

图 1.19　适合无人机搭载使用的数码摄影器材

1.3.3 云台相机

云台相机指将无人机云台与拍摄设备合二为一的拍摄器材，如图 1.20 所示。与单独的云台和拍摄设备相比，云台相机集照片拍照、视频摄录、影像增稳和视角调整于一体。云台相机功能越来越多，性能越来越好，但体积和重量逐步减小。小型化、轻量化和模块化已成为云台相机的发展趋势。早期用云台搭载摄影器材的拍摄方式，已逐步被高性能的云台相机取代。

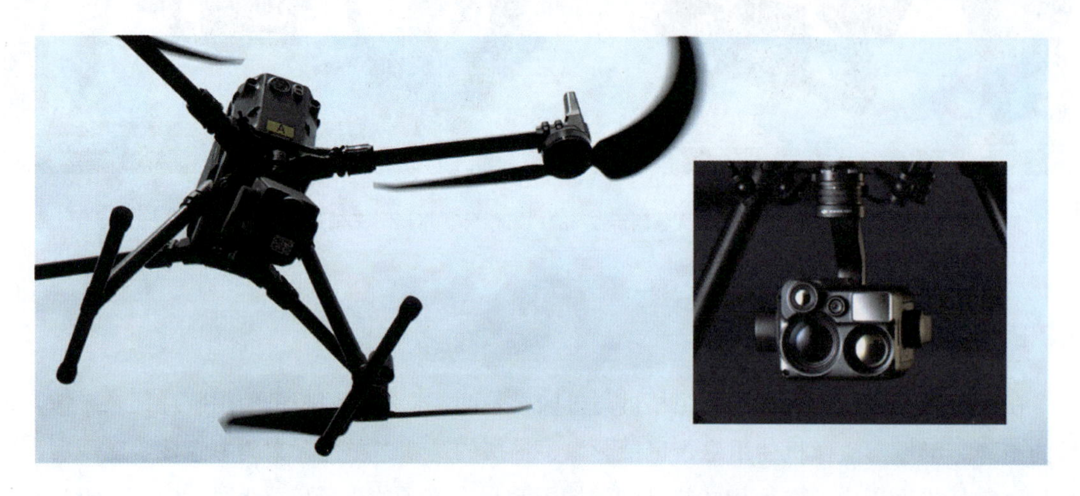

图 1.20 大疆创新生产的禅思 Zenmuse H20 系列云台相机

技能

1.3.4 选择任务载荷

任务需求决定任务载荷如何选择。如影视拍摄应根据后期制作编码格式选择有此拍摄格式的摄影机或云台相机，此类任务载荷应能满足影像分辨率、色彩还原度和曝光动态范围等专业要求。例如，火灾现场可选择红外线与可见光组合的云台相机，夜间安防巡逻和目标搜索可选择具有高感光度的云台相机，农作物估产和病虫害分析可选择多光谱云台相机，生化污染侦测可选择高光谱相机，甲烷气体侦测可选择激光相机。如图 1.21 所示为采用专用探测仪与云台相机组合使用。

1.3.5 安装任务载荷

常见的云台相机是与无人机平台配套设计生产的集成部件，采用标准的接口，安装较为方便，如大疆创新生产的禅思 Zenmuse X7、H20、P1、L1 等云台相机。有些拍摄任务，当集成云台相机不能满足拍摄要求时，往往要选择特殊拍摄器材，只能先在通用型云台上安装好拍摄器材，并要完成重心调平后再与无人机平台对接，如图 1.22 所示。

图 1.21　选择巨哥科技生产的专用探测仪与大疆如影云台组合使用

图 1.22　将索尼微单相机通过大疆如影云台与无人机对接

1.3.6　调试任务载荷

通过地面站调试任务载荷主要有以下两项任务。

① 曝光控制设置。能够获取相机内部控制参数的地面站，可直接在航线规划中设定光圈、快门、感光度、镜头焦距等参数；不能够获取相机内部控制参数的地面站，可采取提前预置光圈、快门、感光度、镜头焦距等方法。另外，也有通过外加遥控部件对光圈、镜头焦距进行机械调节的方法。

② 任务载荷动作设置。任务载荷动作设置包括云台角度的调整、镜头焦距的调整以及照片拍照和视频录制的时机控制等，如图 1.23 所示。

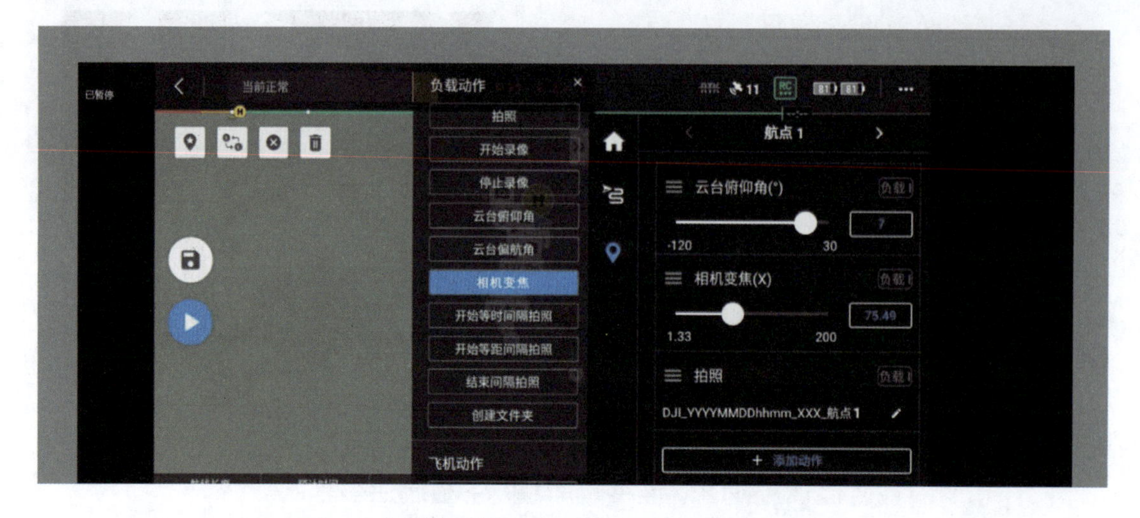

图 1.23　通过地面站设置云台俯仰角、相机焦距和拍照动作

考核

（1）笔试考核（5min）

在规定时间内完成以下 4 道问答题。

① 可见光任务载荷的曝光动态范围指什么？

② 红外线任务载荷适合哪些应用场景？

③ 三轴云台的每个轴各起什么作用？

④ 云台相机的优点有哪些？

（2）实践考核（10min）

分小组在规定时间内，用地面站软件检查任务载荷云台俯仰角、相机焦距和拍照动作设置功能是否正常，并修改部分项目设置。

① 准备器材。地面站软件、计算机、无人机。

② 进行分组。3 人为 1 组，2 人进行实践操作，1 人进行作业记录。

③ 考核要求。按流程进行操作，完成检查和设置项目，记录遇到的问题和解决方法。

（3）课后要求

以小组为单位，练习使用地面站对任务载荷的状态检查和主要功能设置。

任务模块 ②

任务操作

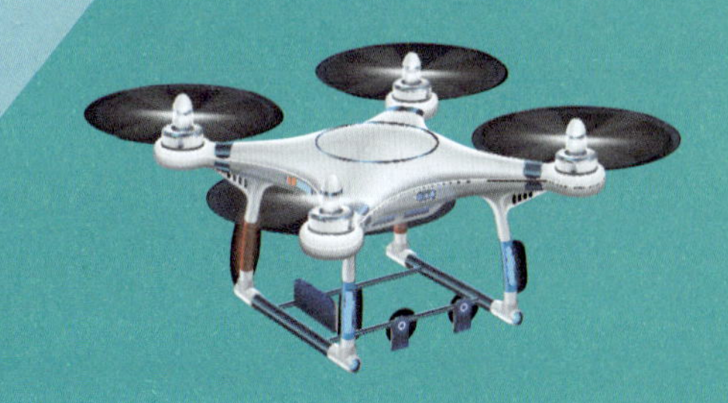

证书技能要求

职业技能等级标准描述中任务操作部分见下表。

工作任务	职业技能
光与色彩使用	①能依据作业需求选择硬光或柔光拍摄 ②能依据拍摄需求操控无人机以调整拍摄角度与光线的关系 ③能在无人机拍摄中选用不同的色调 ④能操控无人机稳定悬停完成 AEB 自动包围曝光模式拍摄
视距内视频拍摄	①能安全稳定均匀地操纵无人机飞行 ②能切换图像采集与视频采集 ③能在视频拍摄前正确调整快门速度、光圈、感光度、白平衡等 ④能在无人机前进、后退、上升、下降中控制镜头运动完成拍摄 ⑤能拍摄匀速变化、无抖动且光线色彩正常的视频
无人机扩展视拍飞行	①能连接图像传输与第一人称视角的扩展画面显示装置 ②能仅参考扩展画面操控无人机进行悬停、前进与后退运动 ③能仅参考扩展画面操控无人机进行上升与下降运动 ④能仅参考扩展画面操控无人机飞行中判断并保持与障碍物的间距
地面控制站超视距拍摄作业	①能依据地面站操作规范，进行航行要素校准操作 ②能完成超视距拍摄飞行航线规划及拍摄准备工作程序 ③能完成视距内手动操纵模式与超视距自动驾驶模式的切换 ④能持续监督与管理无人机以及拍摄设备的运行态势与作业情况 ⑤能依据作业需要，在超视距航线飞行过程中完成航线修改或应急返航

任务模块引入

在初级教材中，已经讲授了无人机拍摄任务操作阶段的一些基础知识和技能，本任务模块是在初级教材基础上的进阶学习。为提高所学知识和技能的实用性，教学选择普及度和实用性较强的民用多旋翼无人机、地面控制站和任务载荷为对象，通过相关知识点的学习，引申到实际操作，系统性地锻炼学员在无人机拍摄任务操作阶段的技能。

知识技能分解导引

任务模块	分类	结构	教学要点
任务操作	安全确认	知识	空域 气象 场地

续表

任务模块	分类	结构	教学要点
任务操作	安全确认	技能	做到空域安全 做到气象安全 做到场地安全
	任务规划	知识	航点 航线 航向 视点 视野
		技能	航线规划 拍摄设置
	任务执行	知识	视距内 超视距 扩展视距 FPV 模式
		技能	起飞前检查 检查并上传航线 执行或调整航线 返航降落

条件准备

教学地面站

携行地面站

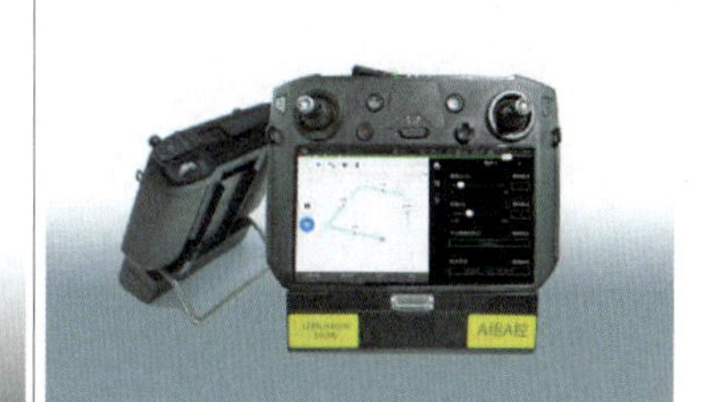

移动地面站

多翼型结合的无人机

多旋翼无人机

大疆经纬 300RTK 无人机

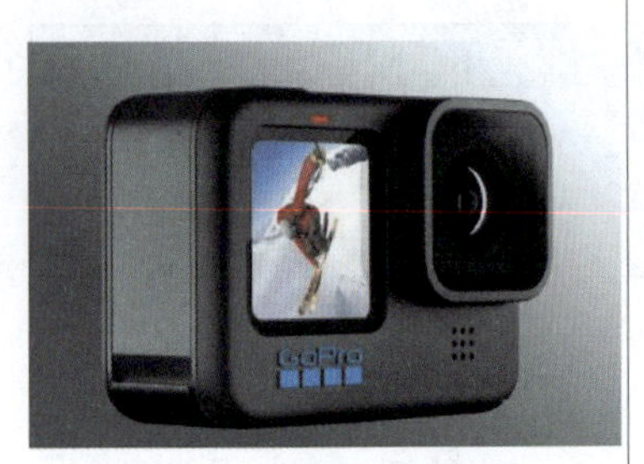		
GoPro 具有增稳功能的相机	微单相机与如影云台的组合	大疆禅思 H20 系列云台相机

2.1 安全确认

安全无小事。了解空域、气象和场地等安全常识，做到安全飞行，是顺利完成无人拍摄任务的前提和基础。

知识

2.1.1 空域

空域是指根据空中管制需要划定的飞行空间区域。空域划分的标准各国不尽相同，国际民航组织（International Civil Aviation Organization，ICAO）的标准中把空域分为七类，分别为 A、B、C、D、E、F、G 类。

A 类空域只允许 IFR 飞行。IFR(Instrument Flight Rules）指仪表飞行规则，一般用于高空飞行和恶劣天气情况下。IFR 飞行要求所有航空器之间配备间隔，提供 ATC 即空中交通管制（Air Traffic Control）服务，要求实现地空双向通信，进入空域要进行 ATC 许可。

B 类空域允许 IFR 和 VFR 飞行。VFR (Visual Flight Rules）即目视飞行规则，其他同 A 类空域。

C 类空域只要求 IFR 飞行之间、IFR 和 VFR 飞行之间配备间隔，对 IFR 飞行之间、IFR 和 VFR 飞行之间提供 ATC 服务，其他同 B 类空域。

D 类空域只要求 IFR 飞行之间配备间隔，对 IFR 飞行之间提供 ATC 服务，对 VFR 飞行提供飞行情报服务，其他同 C 类空域。

E 类空域只需要 IFR 飞行实现地空双向通信，VFR 飞行进入空域不需要 ATC 许可，其他同 D 类空域。

F 类空域对 IFR 飞行提供交通信息和情报服务，对 VFR 飞行提供飞行情报服务，所有航空器进入空域都不需要 ATC 许可，其他同 E 类空域。

G 类空域不需要提供间隔服务，对飞行提供飞行情报服务，只需要 IFR 飞行实现地空双向通信，进入空域不需要 ATC 许可，其他同 F 类空域。

由 A 类到 G 类空域的限制等级逐渐递减。空域分类是为了满足公共运输航空、通用航空和军事航空三类主要空域用户对不同空域使用的需求，确保空域得到安全、合理、充分、有效的利用。空域分类包括对空域内运行的人员、设备、服务、管理的综合要求。国际民航组织（ICAO）还将空域分为情报区、控制区和咨询区。咨询区是情报区与控制区之间的过渡区域，我国未设立此类型区域。空域划分的核心内容是每个主权国家对境内的空域拥有主权，每个国家可根据本国的无线电覆盖范围、行政管理权限、人员管控能力等实际情况，在水平方向划分出若干个管制区，在垂直方向划分出高空、中低空管制区。我国采取的是由中国人民解放军分战区管理的办法，即我国的空域实行东部战区、南部战区、西部战区、北部战区、中部战区五大战区分区域管理。无人机拍摄申请需要提前 1 个月时间向任务所在战区联合参谋部的有关部门申请。无人机拍摄申请包括拍摄许可申请和临时空域申请两部分，申请流程如图 2.1 所示。

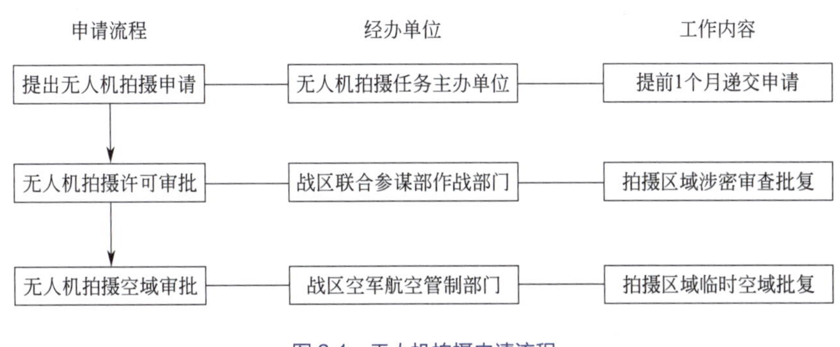

图 2.1 无人机拍摄申请流程

2.1.2 气象

气象是指发生在天空中大气的物理现象，如风、云、雨、雪、霜、露、虹、晕、闪电、打雷等。良好天气是保证无人机拍摄的重要条件，因此，多了解一些气象知识，掌握气象变化规律，对于安全实施无人机拍摄会有很大帮助。

（1）雨

阳光照射使地面上的水吸热变成水蒸气渐渐上升，当上升到距地面 8 ～ 15km 之间的对流层时，由于对流层的上层温度低，水蒸气冷却后体积缩小相对密度增大，便由上升转为下降。水蒸气下降过程中吸热，再度上升遇冷，再下降。如此反复，气体分子逐渐缩小，最后集中在对流层的底层，在底层形成低温区。水蒸气向低温区集中就形成了云。随着云团逐渐变大，云团内部上下对流逐渐加强，当温度低到让云团凝结成水时，雨便形成了。天气预报对雨的等级是根据雨量划分的，即24h降落到水平地面上的雨水深度。例如：降水量小于10mm为小雨，降水量10～25mm为中雨，降水量25～50mm为大雨，降水量50～100mm为暴雨，降水量100～250mm为大暴雨，降水量250mm以上为特大暴雨。

（2）雪

雪是大气中的水蒸气遇冷，急剧凝结成的白色固体颗粒。雪形成的过程是空气中有无数个微小尘埃颗粒漂浮，高空的空气逐渐稀薄，呈现出水蒸气无法入侵的饱和状态，此时有部分的水蒸气进入微小尘埃颗粒，当温度低于0℃时，形成冰水混合物——冰晶。冰晶降落就形成了雪。雪是固体降水的一种，和雨一样有度量和量级。天气预报将降雪分为7个等级。以24h降水量为划分标准：降水量0.1～2.4mm为小雪，降水量1.3～3.7mm为小到中雪，降水量2.5～4.9mm为中雪，降水量3.8～7.4mm为中到大雪，降水量5.0～9.9mm为大雪，降水量7.5～14.9mm为大到暴雪，降水量达到或超过10mm为暴雪。

（3）风

阳光照射地面会使地表温度升高，温度升高的地表使空气受热膨胀变轻而渐渐上升。热空气上升后，低温的冷空气就会横向流入补充；上升的热空气逐渐冷却收缩后变重转为下降。这种加温上升、横向补充、冷却下降的空气流动就是风。受阳光、季节、纬度、地形等多种因素影响，风力大小、方向也会有较大区别。如忽大忽小的阵风、围绕一处转圈圈的旋风、越过山脊就向下扣压的焚风，虽风力不像台风、龙卷风那样猛烈，但对无人机正常飞行会有很大影响。与其他气象条件比，风不分季节，不分地域，出现无常，对无人机拍摄的影响最大。无人机在6级风的环境中拍摄的场景，如图2.2所示。

图2.2 无人机在6级风的环境中拍摄的场景

2.1.3　场地

无人机起降场地对完成无人机拍摄任务至关重要。使用地面站超视距拍摄，应注意起降点与航点、航线的位置关系，在保证安全起降的前提下优化航点、航线设置。地面站控制的超视距飞行，航程较远，不可预料的情况多，应在大约半程的位置预设一处备降场地。选择起降场地和备降场地时，应注意地面平坦，避开风口，远离建筑物、大树、微波基站、高压线路、金属构造物等，如图 2.3 所示。

图 2.3　无人机起降场地应避开的不安全环境示意

技能

2.1.4　做到空域安全

无人机拍摄需要取得拍摄许可和空域许可。申请渠道和程序如下。

（1）准备申请材料

申请应以单位或公司的名义提出，落款署名处应加盖公章。申请的内容分别是拍摄时间、地点、设备、人员资质、单位或公司资质、保密承诺。

拍摄时间可以申请一个时间段，在此时间段内具体拍摄时间视天气变化自行掌握。

拍摄地点应明确起降点的经纬度，以度、分、秒表示，并标出拍摄范围，即距离起降点的半径范围。

拍摄设备应说明无人机型号、机身编号、飞行高度、续航时间以及无人机数量。

人员资质应附上操纵无人机人员的居民身份证和民用无人机操纵相关职业技能等级证书的复印件。

拍摄单位应说明单位性质、任务来源；拍摄公司应附上营业执照、民用无人驾驶航空器经营许可证，该证由“中国民用航空 ×× 地区管理局”签发。

保密承诺主要包括 4 个方面的内容：一是承诺严格遵守《中华人民共和国军事设施保护法》，航空器不进入军事禁区和军事管理区上空，不对军事禁区和军事管理区拍摄；二是承诺不在国家重要目标、重大活动场所和军事设施上空飞行，制订飞行安全预案，采取有效措施，确保空中、地面安全；三是承诺将无人机拍摄影像资料完整提交所在省军区（警备区）军事设施保护部门保密审核，由来函申请单位或公司使用，绝不私自留存原始资料，所有资料未经允许绝不向第三方提供；四是承诺如发生泄密问题，将承担一切法律责任。

（2）申请拍摄许可

无人机拍摄任务所在区域的中国人民解放军战区联合参谋部作战局空中行动管理部门是无人机拍摄许可审批的主管部门。申请单位或公司向战区主管部门提交申请材料后，大约需要等待一个月的审批时间。审批时间较长的原因是：战区主管部门需要向涉及拍摄地点的军方单位征求审核意见，待意见反馈汇总上来后才能批复是否允许在这些地点使用无人机拍摄。如果拟拍摄地点涉及军方保密设施或与临时部署的保密行动有时空交汇，就不会获得拍摄许可。

（3）申请拍摄空域

无人机拍摄许可申请获批后，再凭拍摄许可审批向该战区空军参谋部航空管制部门申请拍摄所需的临时空域。

以上两项申请获批后，无人机拍摄就有了合法依据，但在实施过程中，还应凭拍摄许可审批主动与拍摄地公安系统协调，报备拍摄计划，争取多方配合。需要注意的是：一定要到拍摄地的公安部门进行报备，防止虽在上级公安部门进行报备，但由于上级未及时通知拍摄地的公安部门，当地公安人员可能会以打击“低小慢”飞行器和维护社会治安等理由采取干涉行动，造成不必要的麻烦。一定要自觉强化安全意识，做到依法合规地使用无人机拍摄。

安全实施无人机拍摄的要点如图 2.4 所示。

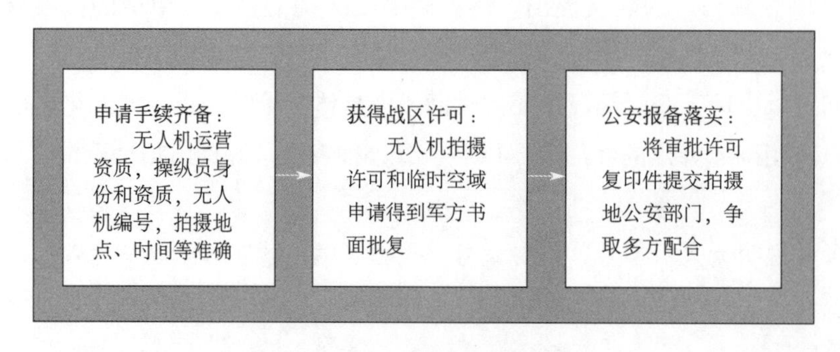

图 2.4　安全实施无人机拍摄的要点

2.1.5 做到气象安全

使用地面站超视距控制无人机拍摄，飞行距离较远，远处的局部小气候不容易及时察觉。因此，实施无人机拍摄任务前应通过当地天气预报信息或当地有经验者的现场判断，进一步核实航线上可能出现的天气状况，动态拟定执行方案。规划航线的下方如果有山脊地形，还应注意山脊的气流方向（迎风坡会产生上升气流，背风坡会产生下降气流），因为突然改变方向的气流对无人机正常飞行会有很大干扰，应做好预判，留足无人机在此处可能出现的上下波动区间，保证航线有足够的高度。规划航线的某处如果有出现局部阵雨的可能，就应选择有一定防水等级的无人机。如防护等级达到 IP44 或 IP55 的无人机和云台相机，就可以在小雨的环境下拍摄，如图 2.5 所示。

图 2.5 使用防水性能好的无人机可以在阴雨环境下工作

2.1.6 做到场地安全

无人机起飞前，一要检查起降场地是否平坦，因为无人机普遍头重脚轻，放置在凹凸不平的地面上会导致重心不稳，起飞时如果遇到侧风，很容易出现翻滚；二要检查是否避开了建筑物、网架、拉线、树冠、风口，以免发生碰撞；三要检查附近有无无线电信号发射基站，防止受到潜在的电磁干扰；四要将无人机摆放到距离操纵员 3m 以上的位置，执行起飞操作后悬停高度应在 3m 以上，以避免与突然闯入的人员、车辆相撞。使用地面站遥控无人机返航回到起降场地上方时，应改为手持遥控器操纵（因为无人机降落过程中一旦遇到需要避让的危险情况，手动操纵会比地面站控制更加灵活）。先将无人机航向调整为对尾状态，再边观察周围环境边降落。无人机发生事故最多的时段，就是起飞和降落过程。导致事故的原因，既有操纵人员技术的因素，也有地面站性能的因素，更多的是场地存在不安全的隐患。比较理想的无人机起降场地如图 2.6 所示。

图 2.6 比较理想的无人机起降场地

考核

（1）笔试考核（5min）

在规定时间内完成以下 4 道问答题。

① 无人机拍摄需要向战区有关部门申请什么？

② 防护等级 IP44 中两个数字分别表示什么？

③ 无人机超视距拍摄为什么应预设备降场地？

④ 用地面站自动控制无人机降落会有什么不妥？

（2）实践考核（10min）

分小组在规定时间内，选择起降场地，现场完成地面站与无人机和任务载荷的链接，做好起飞前的准备。

① 准备器材。起降场地、地面站、无人机和任务载荷。

② 进行分组。3 人为 1 组，2 人进行实践操作，1 人进行作业记录。

③ 考核要求。按流程进行操作，做到选择的起降场地安全，地面站与无人机和任务载荷链接正常，记录遇到的问题和解决方法。

（3）课后要求

以小组为单位，讨论哪些气象条件不利于执行无人机拍摄任务。

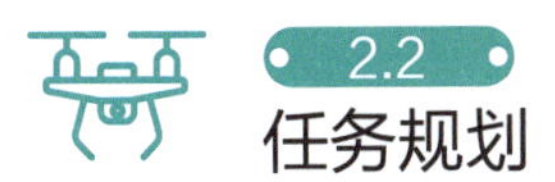

2.2 任务规划

知识

2.2.1 航点

航点是指通过地面站规划航线时指定的某个点位。这些点位可编辑名称以及飞行器过航点的速度、高度、偏航角、航点动作和经纬度等属性。航点可保存、可调取、可调整、可删除，是使用地面站操纵无人机飞行和拍摄的基本要素。航点是预设飞行路径和执行拍摄动作的坐标，如图 2.7 所示。

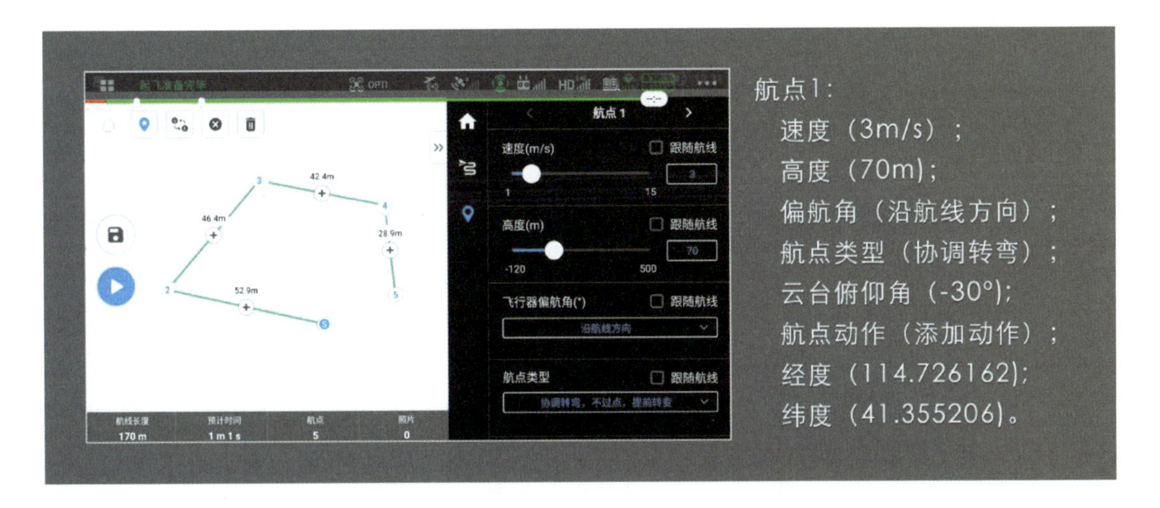

图 2.7 某航线规划中“航点 1”的相关设置

2.2.2 航线

航线是指飞行线路。使用地面站操纵无人机拍摄需要进行航线规划。常见的航线属性有以下几项：Waypoint（普通航点）、Distance（航线长度）、ALT（高度）、Longitude（经度）、Latitude（纬度）、DO_JUMP（航线重复执行次数）、Angle（航线坡度），还有控制拍摄动作的命令等。无人机拍摄在不同的行业应用时，航线规划方法也有所不同。如输电线路通道呈条带状，起伏大，地形复杂，使用无人机进行通道的倾斜摄影采集数据，需要考虑电塔海拔、线路走向以及起降距离等多方面因素。在农村不动产权籍调查中会用到零散多边形航线规划和含水域不规则多边形航线规划等。成图区域、成图分辨率、图像重叠度、纹理覆盖度和地形地貌等都是航线规划需要综合考虑的因素。

从起降点“H”到各航点的航线设置如图 2.8 所示。

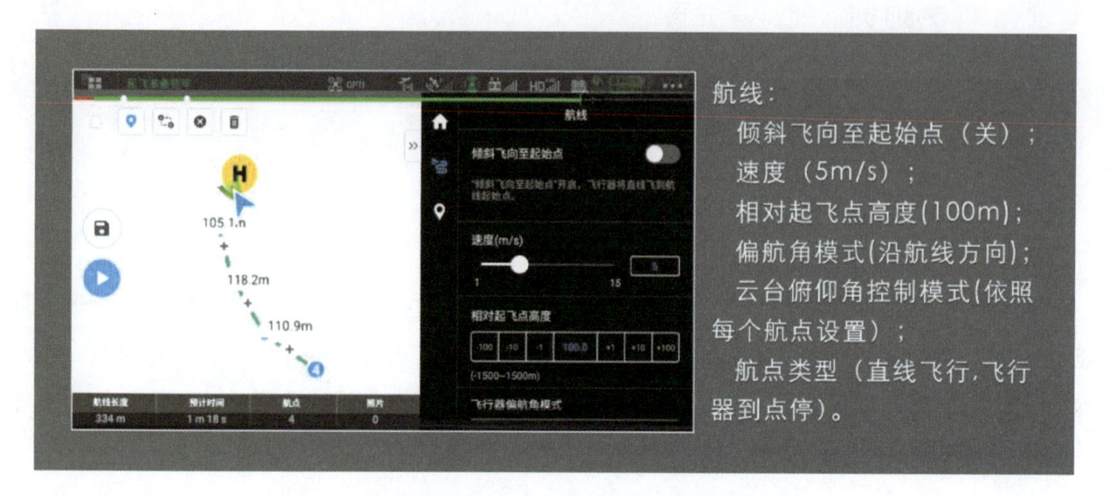

图 2.8　从起降点“H”到各航点的航线设置

2.2.3　航向

航向是指飞机或船舶的航行方向。航向可分为真航向（True Heading，TH）、磁航向（Magnetic Heading，MH）和罗航向（Compass Heading，CH）。三者的区别在于基准不同。其中真航向以真北线为基准，磁航向以磁北线为基准，罗航向以罗北线为基准。三条基线存在一定的角度差，换算方法：磁航向 + 东磁差 = 真航向、磁航向 − 西磁差 = 真航向、罗航向 + 东罗经差 = 真航向、罗航向 − 西罗经差 = 真航向。三种航向的范围都是 0° ～ 360°。真航向 0° 是正北，90° 是正东，180° 是正南，270° 是正西。图 2.9 所示地面站屏显示无人机航向为 326°。

图 2.9　地面站屏显无人机航向为 326°

2.2.4 视点

视点是指观察者所处的位置。无人机拍摄在空中取景时，首先要选择镜头应处的位置，即无人机拍摄的视点。从视点到被拍摄目标的无形连线，即是拍摄轴向。在镜头焦距不变的前提下，拍摄轴向的长短又决定了景别大小。轴向加大，则景别放大，看到的视野就越广；轴向缩小，则景别缩小，看到的视野就变窄。寻找视点的过程即是取景构图的过程，与地面拍摄取景构图相比，无人机在空中是三轴 6 个自由度的取景构图，可选择的高度更高，可选择的角度更灵活。空中视点的自由选择是无人机拍摄强于地面传统摄影的突出优势。无人机在视距内拍摄，视点可以边观察边调整，直到感觉合适为止。通过地面站航线规划拍摄时，则需要有较好的地图知识和空间想象力，要能通过地图提前研判出无人机应处的拍摄位置，并将此位置规划为一个航点，即无人机镜头的位置。对于照片拍照，航点即是视点和拍照机位，设计好该点的云台角度和拍摄动作即可；对于视频摄录而言，一条视频拍摄要有起幅和落幅设计，即开始摄录为起幅，关闭摄录为落幅。起幅需要设前一个航点，落幅需要设后一个航点，从起幅航点到落幅航点之间，通过地面站可设定云台水平角或俯仰角的变化，该变化不是瞬间，而是一个过程。如在起幅航点时设定云台俯仰角为 -90°，到落幅航点时设定云台俯仰角为 0°，其拍摄效果是镜头从正扣俯瞰渐渐抬升到水平前视。理解了照片拍照与视频摄录对航点要求的不同，就能展开想象力，设计出更多视频起幅与落幅的控制点，从而丰富地面站实施无人机拍摄的镜头语言。在地面站控制下选择好视点，设计好拍摄动作，优点一是能快速完成取景构图，一步到位，不需要反复调整；优点二是云台变化更顺滑，不论是水平转向还是俯仰变化，都不会因手持遥控器控制云台时用力不稳而出现卡顿的问题。

无人机拍摄视点位置示意图如图 2.10 所示。

图 2.10 无人机拍摄视点位置示意图

2.2.5 视野

视野是指在人的头部和眼球固定不动的情况下，眼睛观看正前方物体时所能看得见的空间范围，也称为静视野。视野常用角度来表示。在水平内的视野是：双眼区域大约在左右60° 以内的区域。在垂直平面的视野是：最大视区为标准视线以下 70° 。无人机拍摄搭载的相机相当于人的眼睛，改变镜头焦距可改变镜头的视野。如镜头的焦距越短，视野就越宽，也称为广角镜头；反之，镜头的焦距越长，视野就越窄，也称为望远镜头。视野与景别含义类似，区别是视野是指人的观察，景别是指摄影的取景构图范围。通过地面站操控无人机拍摄时，如果对视野或景别有明确要求，则需要综合考虑镜头焦距的长短和视点选择的位置等因素。

无人机拍摄视野示意图如图 2.11 所示。

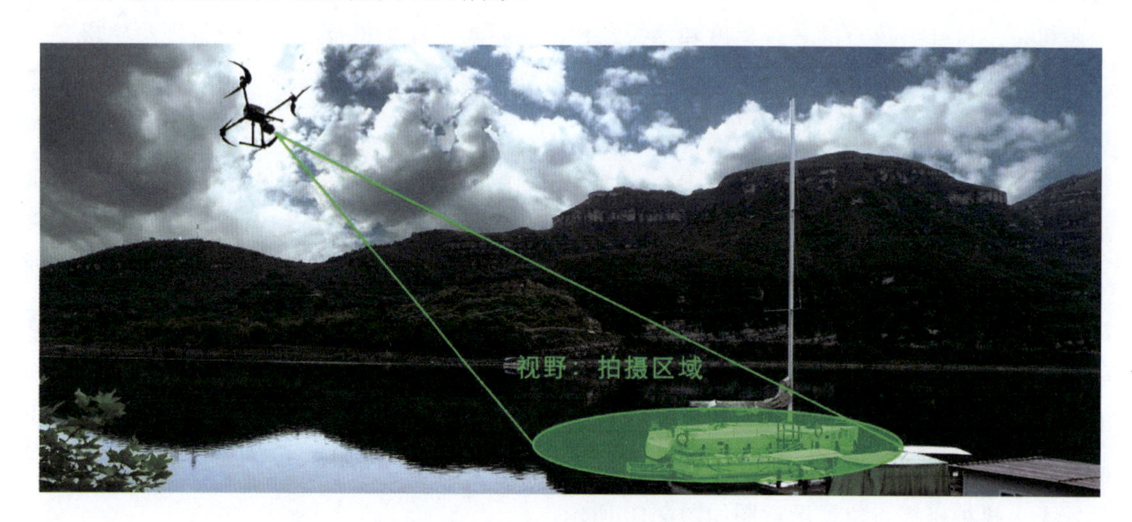

图 2.11 无人机拍摄视野示意图

技能

2.2.6 航线规划

为发挥 1+X 职业技能教育等级证书融通优势，实现无人机拍摄职业技能与无人机操纵职业技能的同类知识和技能互通，本书航线规划部分依据“中国 AOPA 民用无人机驾驶员地面站科目题库”提供的多旋翼无人机航线规划基本题型，使用多数考点采用的无人机通用地面站“RGroundControlStation”举例讲解。题库给出的题型只是供学习和练习使用，在实际考试时，这些题型中的航线方位及数值由负责考试的委任代表现场设定。

题型一

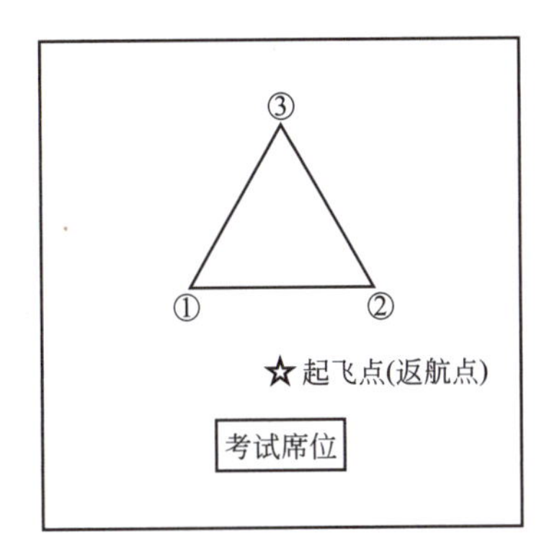

(1)航线要求

起飞点（返航点）与考试席位的相对方位由委任代表根据现场环境等情况进行决定。于起飞点前规划一个等边三角形并循环执行，边长为 a，航线相对地面高度为 b，水平速度为 c，垂直速度为 d，拐弯方式为定点转弯，悬停时间不作要求。

a 值建议为 30m，b 值建议为 30m，c 值建议为 3m/s，d 值建议为 1m/s。

(2)航线规划操作

① 进入地面站的操作（属于“航线规划”的准备工作）。

a. 在安装有“RGroundControlStation”地面站的计算机桌面上，找到该地面站快捷图标，双击打开地面站系统界面，如图 2.12 所示。

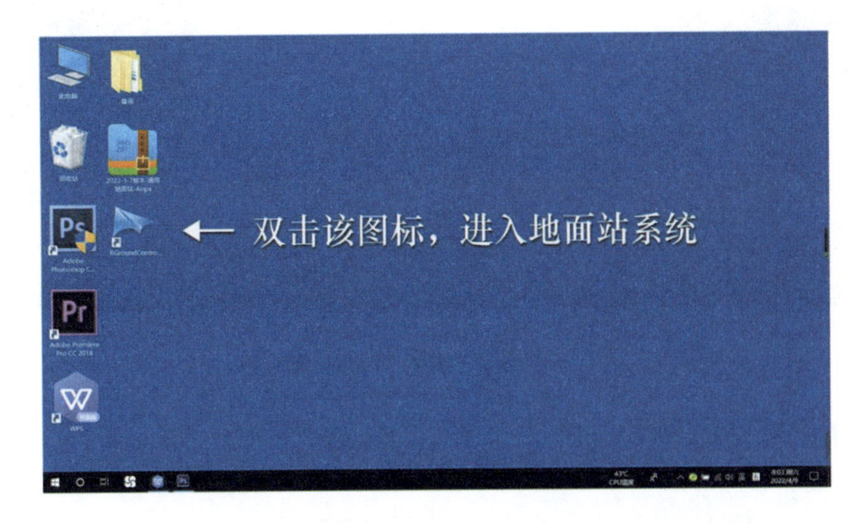

图 2.12 安装有“RGroundControlStation”地面站系统的计算机桌面

b. 点击“本地”按钮，进入地面站航线规划界面，如图 2.13 所示。

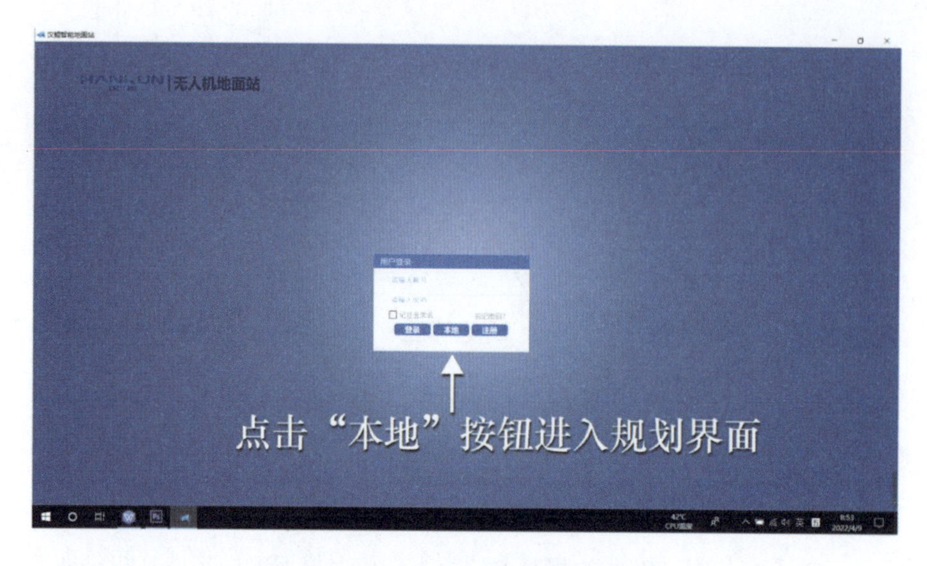

图 2.13 “汉鲲”无人机地面站登录窗口

c. 点击“新建飞行器”按钮，进入飞行器设定界面，如图 2.14 所示。

图 2.14 进入飞行器设定界面的操作步骤

d. 点击右上角“ ”按钮，进入“新建飞行器”窗口，如图 2.15 所示。

e. 在“飞行器名称”栏自定义一个飞行器名称，如图 2.16 所示。

f. 在 3 个飞行器链接选项中，选择“模拟飞行链接”，如图 2.17 所示。

g. 输入飞行器所在位置的经纬度信息，如图 2.18 所示。

h. 点击“保存”按钮后，进入地面站计划任务管理器主界面，如图 2.19 所示。

图 2.15　进入“新建飞行器”窗口的操作步骤

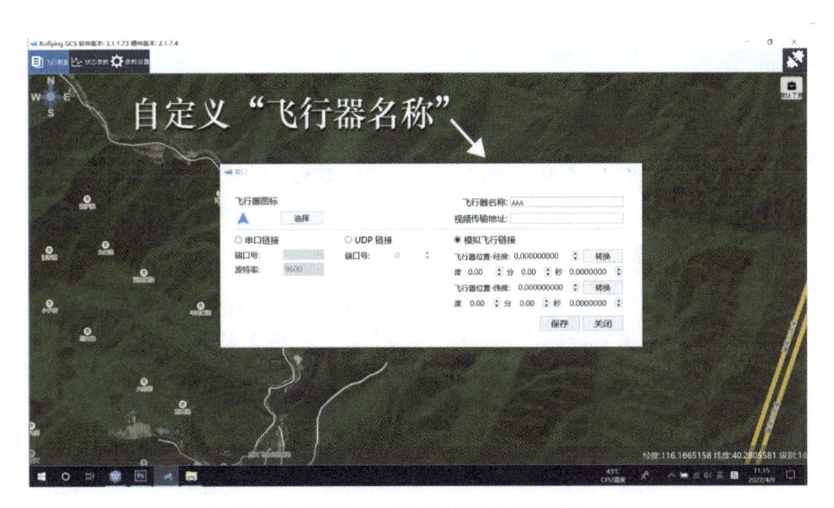

图 2.16　以自定义飞行器名称“AAA”为例

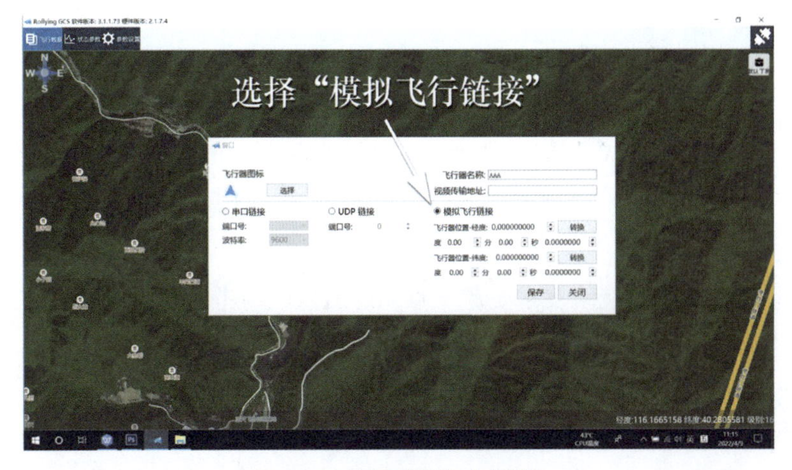

图 2.17　选择“模拟飞行链接”

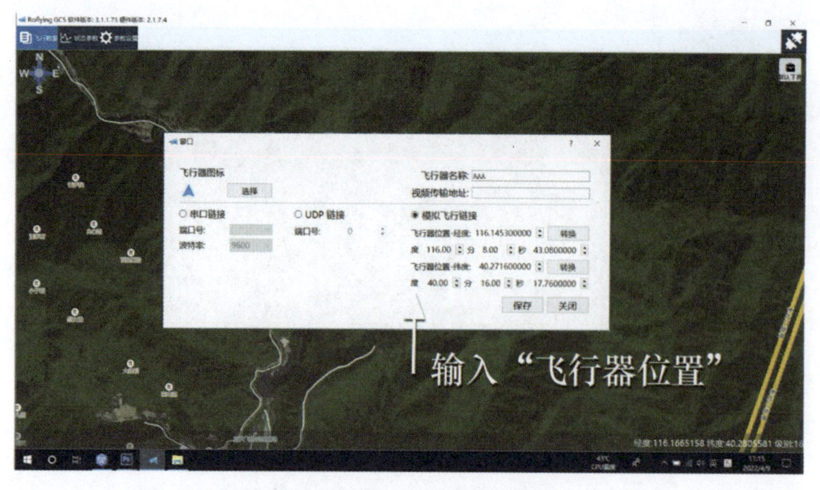

图 2.18　输入飞行器所在位置

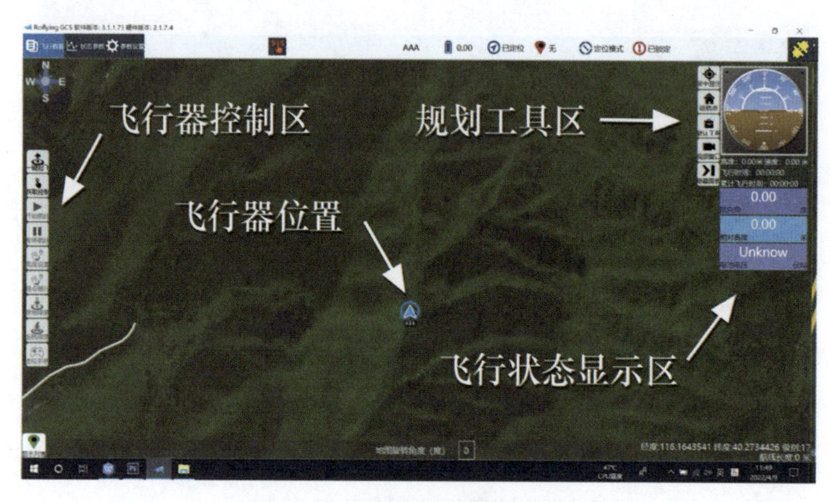

图 2.19　地面站主要功能分布示意

i. 如果飞行器图标没有出现在屏幕内或没有居中显示，可点击工具栏中的“居中显示”按钮，将飞行器图标显示在屏幕的中心区域，如图 2.20 所示。

② 使用“航线编辑”工具设置航点和航线（属于正式进入“航线规划”工作）。

a. 打开工具栏中的“默认工具”，再点击“航线编辑”按钮，随即弹出“航线编辑”窗口，有“统一设置”“单独设置”和“精准规划”3 个编辑选项。选择“精准规划”选项，如图 2.21 所示。

b. 编辑航点 1。题型的航线要求是起飞点（返航点）与考试席位的相对方位由委任代表根据现场环境等情况进行决定。为量化操作，设定飞行器现在的位置就是起飞点（返航点），在起飞点正北方向 100m 处设“航点 1”。确定“航点 1”与起飞点（返航点）的位置关系，是后续各航点和各条航线正确规划的基础，如图 2.22 所示。

图 2.20　将飞行器图标居中显示操作

图 2.21　进入“精准规划”选项操作步骤

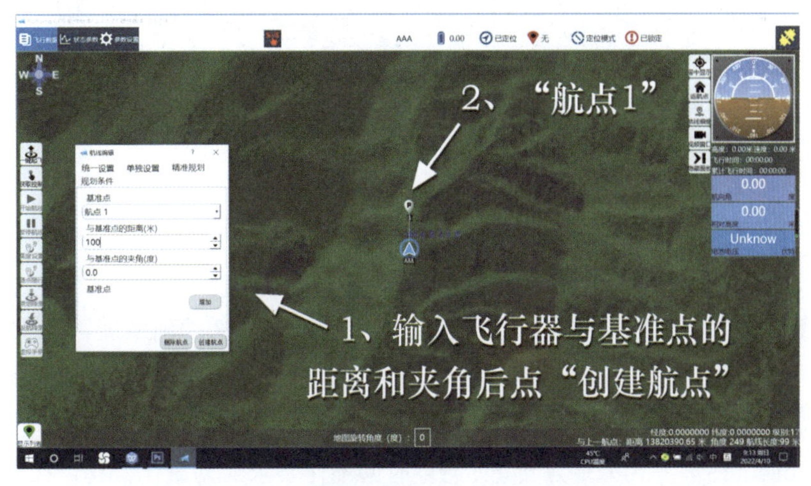

图 2.22　编辑创建“航点 1”的操作步骤

c. 编辑航点 2 和航线。按照题型要求，航线是一个等边三角形，边长为 30m，根据已知条件可进行相关编辑，如图 2.23 所示。

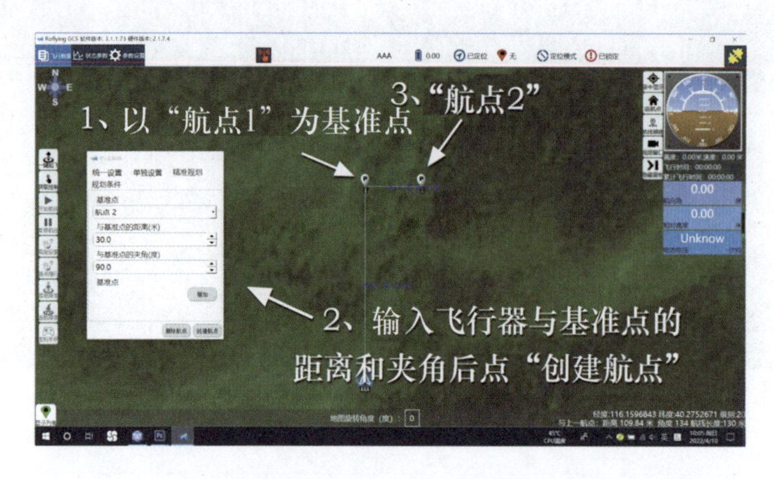

图 2.23　编辑创建“航点 2”和航线的操作步骤

d. 编辑航点 3 和航线。按照等边三角形已知条件，再以航点 2 为基准点，按照边长为 30m、航线夹角 330°，输入“航线编辑”窗口，创建航点 3 和新构成的航线，如图 2.24 所示。

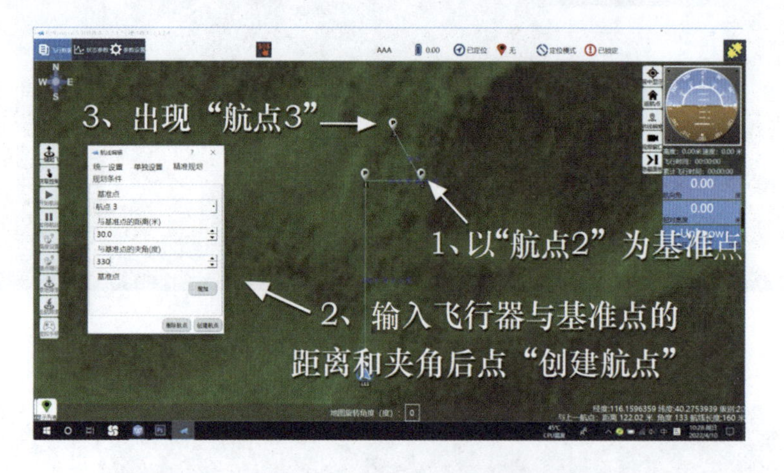

图 2.24　编辑创建“航点 3”和航线的操作步骤

e. 编辑航点 4，实现航线闭合。按照等边三角形已知条件，再以航点 3 为基准点，按照边长为 30m、航线夹角 210°，输入“航线编辑”窗口，创建航点 4，与航点 1 重合，即实现等边三角形航线闭合，如图 2.25 所示。

实现航点 4 与航点 1 之间航线闭合的另一种简便方法是：在“航线编辑”窗口，进入“统一设置”编辑选项，勾选“闭合航线”选项，即可实现航线闭合，如图 2.26 所示。

f. 设置航线高度、速度等参数。按照题型要求，相对地面高度为 30m，水平速度为 3m/s，垂直速度为 1m/s，拐弯方式为定点转弯，悬停时间不作要求（为量化操作，在此设定悬停时间 2s）。基于各航线高度和速度一致，选择“统一设置”选项进行航线编辑，如图 2.27 所示。

图 2.25　编辑创建“航点 4”实现航线闭合的操作步骤

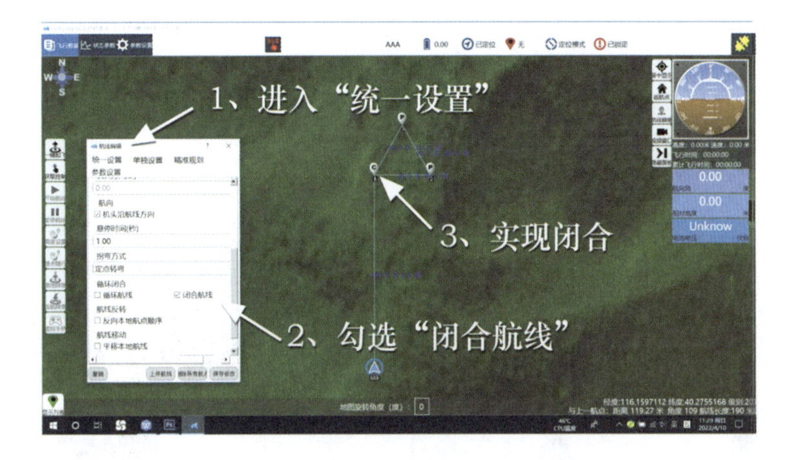

图 2.26　实现航线闭合的简便操作方法

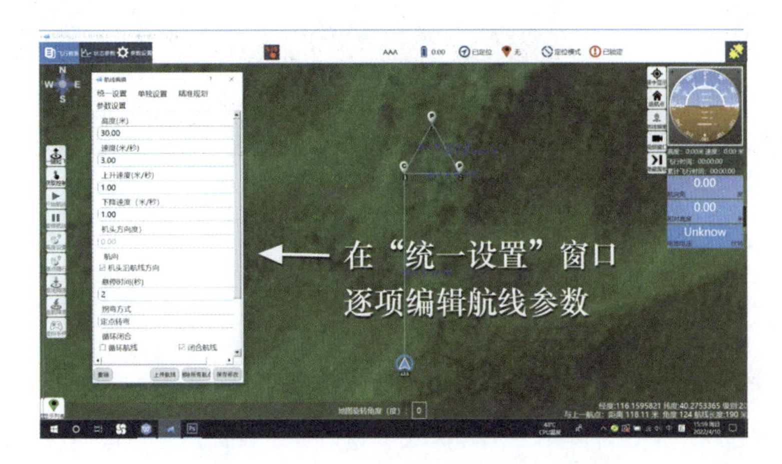

图 2.27　在“统一设置”窗口逐项编辑航线参数

g. 保存已编辑的航点和航线信息。检查航点和航线编辑正确后，点击“保存修改”按钮，弹出是否保存的提示信息框，点击“是（Y）”按钮确认，如图 2.28 所示。

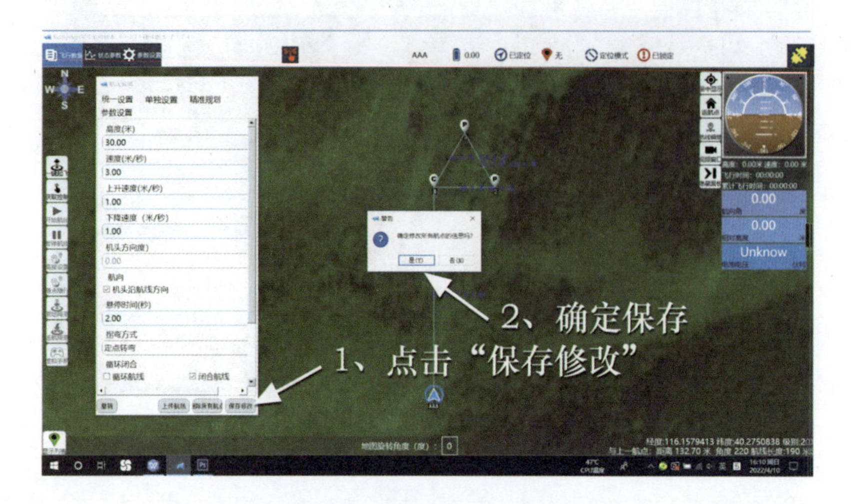

图 2.28　保存已编辑的航点和航线信息

h. 检查和上传航线信息。点击“上传航线”按钮，弹出“航线检查窗口”，列表显示每个航点和航线的设置参数，以便检查确认，如图 2.29 所示。

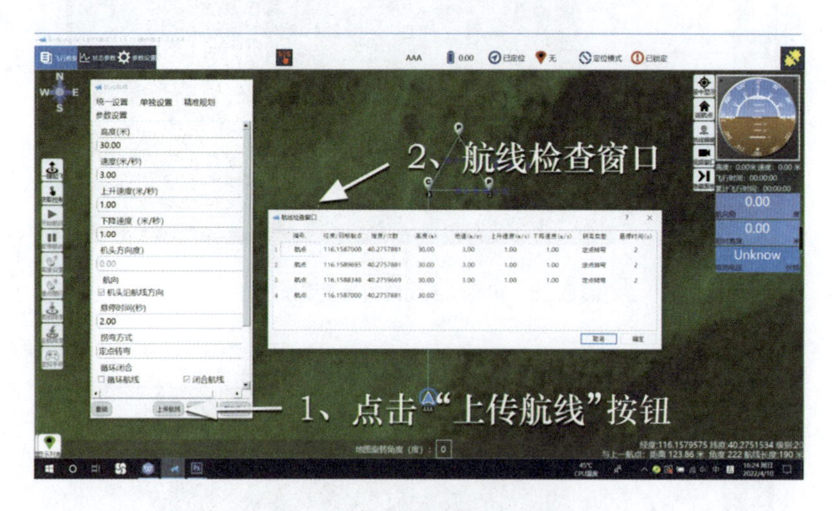

图 2.29　上传和检查航线信息

经过检查确认无误，点击“确定”按钮，将航线信息上传至飞行器的飞行控制器。此时地面站上的航线将由蓝色变为绿色，如图 2.30 所示。

（3）“一键起飞”悬停设置

点击“一键起飞”按钮，弹出“悬停起飞”窗口提示设置安全悬停高度，以保证垂直起飞悬停过程的安全。设置悬停高度完成后，点击“起飞”按钮，如图 2.31 所示。

图 2.30　将航线信息上传至飞行器的飞行控制器

图 2.31　“一键起飞”悬停高度设置

（4）模拟飞行操作

① 模拟飞行。先点击“获取控制”按钮，再点击“开始航线”按钮，飞行器开始按照规划好的航点和航线模拟飞行。可以看到处于起飞点（返航点）位置的浅蓝色飞行器图标，开始沿着航线向北移动，如图 2.32 所示。

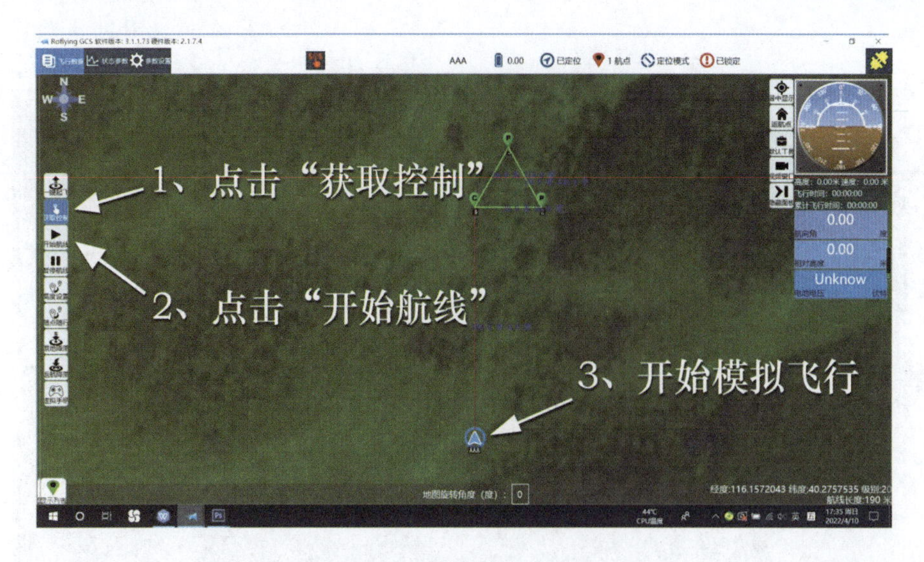

图 2.32　模拟飞行操作步骤

② 应急处置。飞行器的运行状态可通过飞行器位置图标和飞行状态数据进行观察。如果遇到影响安全的情况出现，或需要改变航点和航线，则可以点击“暂停航线”按钮，先停止飞行器的运行，再视情进行相应的处置，如图 2.33 所示。

图 2.33　暂停飞行器运行的方法

③ 返航降落。飞行器运行过程中如果需要中止飞行，降落方式有两种，一是“原地降落”，二是“返航降落”。前一种是在较为紧急的情况下不得不采取的应急措施，只要飞行器还有支撑返航的能力，建议采取“返航降落”。执行“返航降落”的过程中，应特别注意飞行器的状态，做好随时切换“原地降落”的准备。返航降落操作如图 2.34 所示。

图 2.34　返航降落操作

以上以“题型一”为例，介绍了航线规划和模拟飞行的主要步骤。为节省篇幅，后续各个题型与“题型一”相同的操作步骤不再重复，即编辑航点 1 之前和闭合航线之后的操作均省略。

题型二

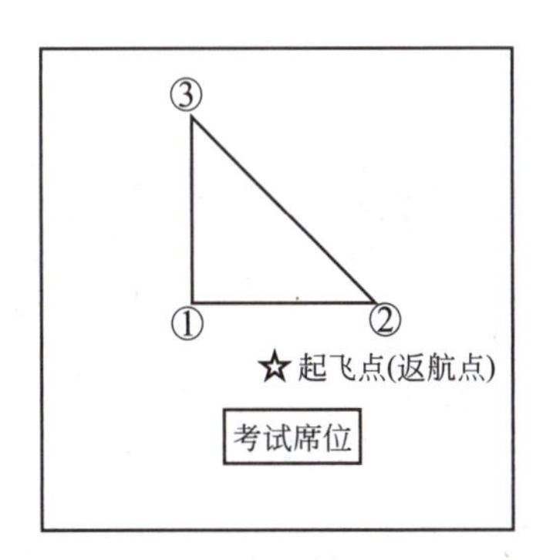

（1）航线要求

起飞点（返航点）与考试席位的相对方位由委任代表根据现场环境等情况进行决定。于起飞点前规划一个等腰直角三角形并循环执行，图中①②边长为 a_1，③①边长为 a_2，∠①为直角，航线相对地面高度为 b，水平速度为 c，垂直速度为 d，拐弯方式为定点转弯，悬停时间不作要求。

a_1、a_2 值建议为 30m，b 值建议为 30m，c 值建议为 3m/s，d 值建议为 1m/s。

（2）航线规划操作

① 使用“精准规划”工具。打开工具栏中的“默认工具”，再点击“航线编辑”按钮，

随即弹出“航线编辑”窗口，可以看到“统一设置”“单独设置”和“精准规划”3 个编辑选项。选择“精准规划”，如图 2.35 所示。

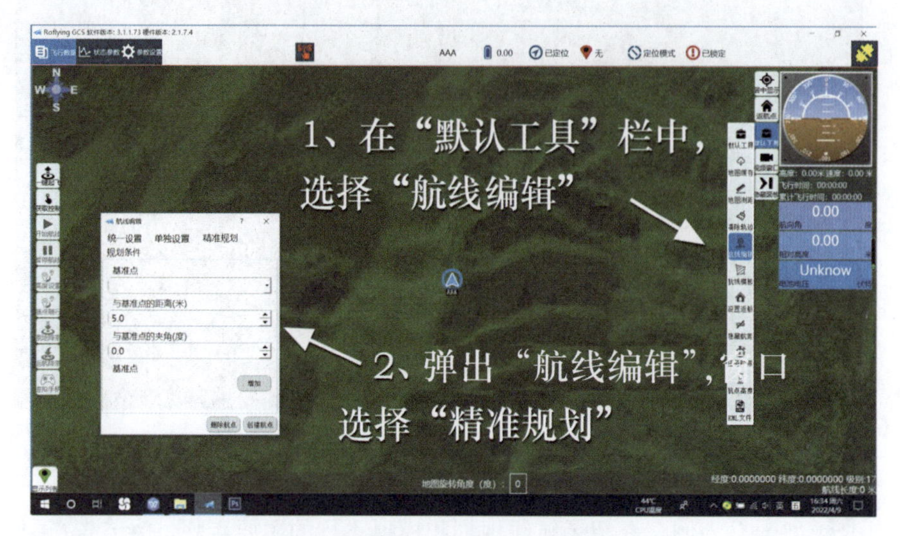

图 2.35 进入“精准规划”选项操作

② 编辑航点 1。题型给出的条件是起飞点（返航点）与考试席位的相对方位由委任代表根据现场环境等情况进行决定。为量化操作，设定飞行器现在的位置就是起飞点（返航点），在起飞点 315° 方向 100m 处设“航点 1”。通过“精准规划”窗口，编辑创建“航点 1”，如图 2.36 所示。

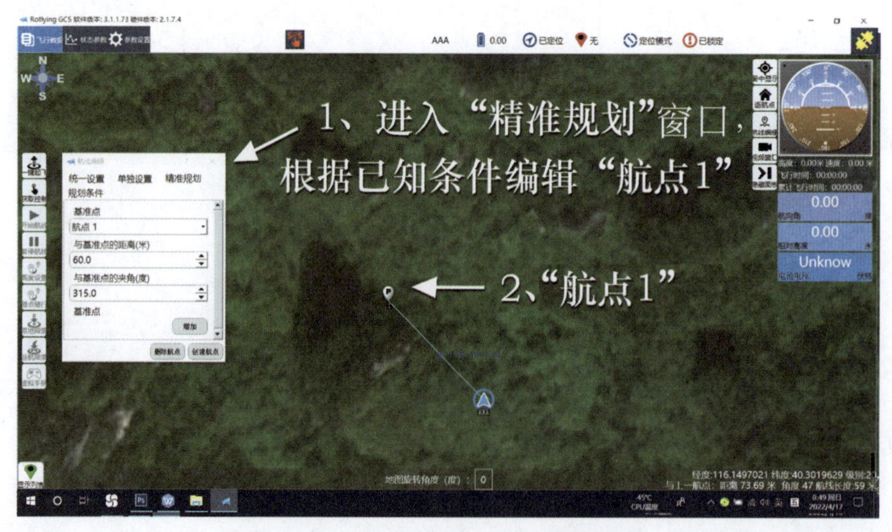

图 2.36 编辑创建“航点 1”的操作步骤

③ 编辑航点 2 和航线。以“航点 1”为基准点，根据已知的航线长度 30m、航向夹角 90°，通过“精准规划”窗口，编辑创建“航点 2”和航线，如图 2.37 所示。

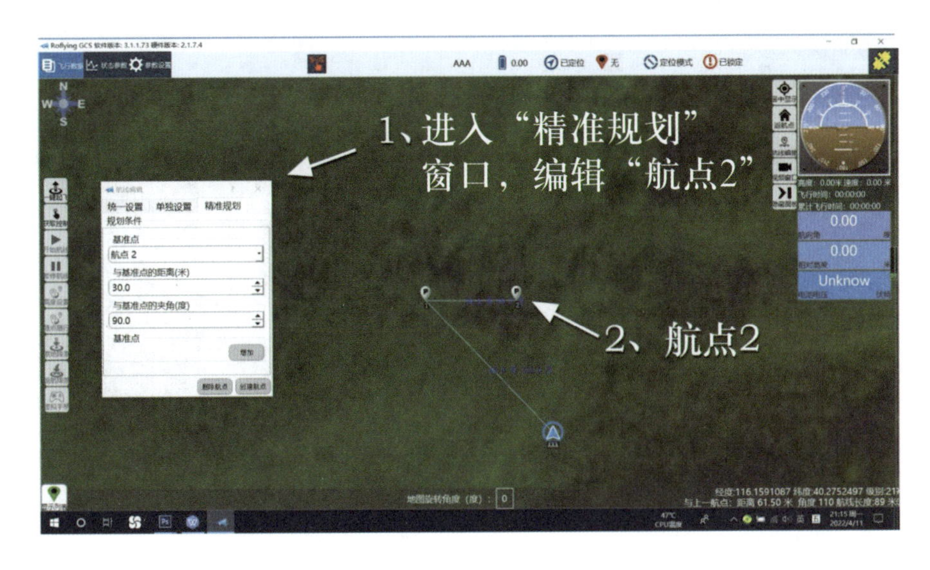

图 2.37　编辑创建“航点 2”和航线的操作步骤

④ 编辑航点 3 和航线。以“航点 2”为基准点，根据已知另一条直角边航线长度也是 30m 的条件，采取画正方形航线并删除一角变成等腰直角三角形的简便方法，通过“精准规划”窗口，编辑创建“航点 3”和航线，如图 2.38 所示。

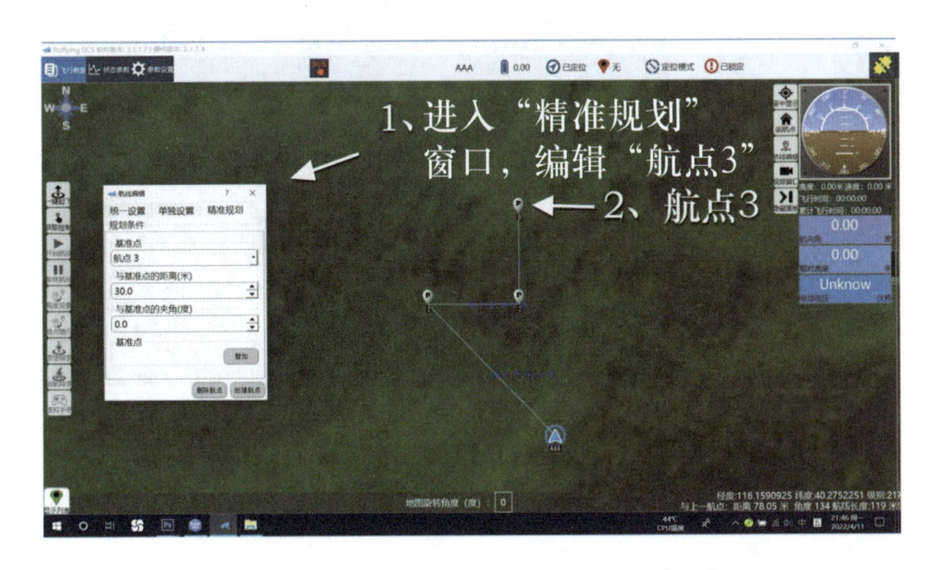

图 2.38　编辑创建“航点 3”和航线的操作步骤

⑤ 编辑航点 4 和航线。以“航点 3”为基准点，按照先画出正方形航线的设计思路，通过“精准规划”窗口，编辑创建“航点 4”和航线，如图 2.39 所示。

⑥ 编辑航点 5 和航线。以“航点 4”为基准点，通过“精准规划”窗口，编辑创建“航点 5”和航线，实现航线闭合，如图 2.40 所示。

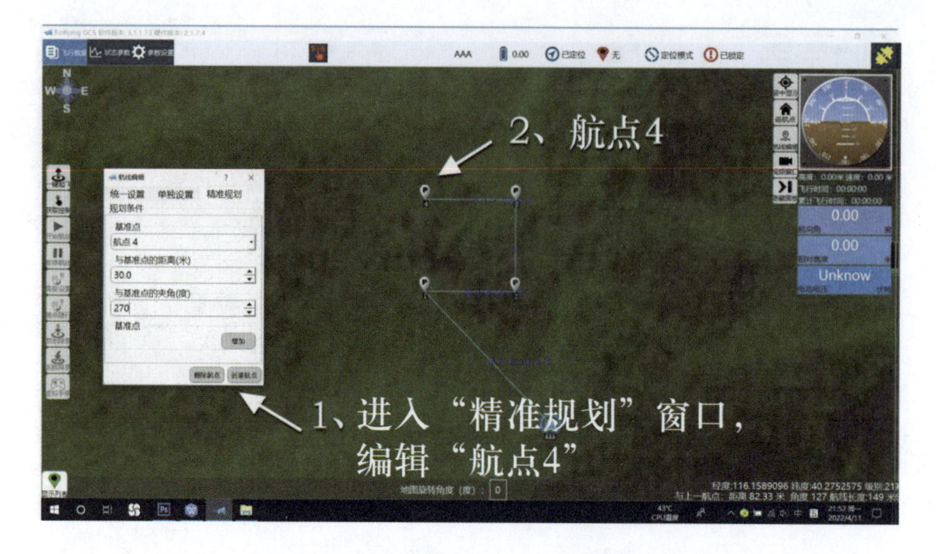

图 2.39 编辑创建“航点 4”和航线的操作步骤

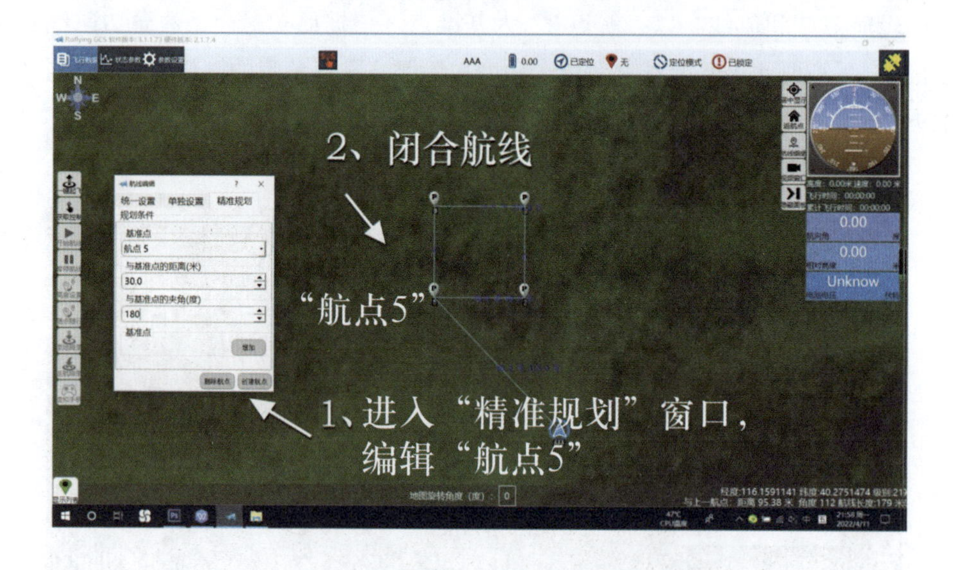

图 2.40 编辑创建“航点 5”实现航线闭合的操作步骤

⑦ 删除航点 3。完成正方形航线编辑后，通过“精准规划”窗口，删除“航点 3”，航线由正方形自动变为等腰直角三角形。该航线编辑方法可避开等腰直角三角形斜线长度和夹角的计算，如图 2.41 所示。

⑧ 设置航线高度等参数。按题型要求，相对地面高度为 30m，水平速度为 3m/s，垂直速度为 1m/s，拐弯方式为定点转弯，悬停时间未作要求（为量化操作，本题在此设定悬停时间为 2s）。基于各航线高度、速度等参数一致，拟进入“统一设置”窗口进行航线编辑，如图 2.42 所示。

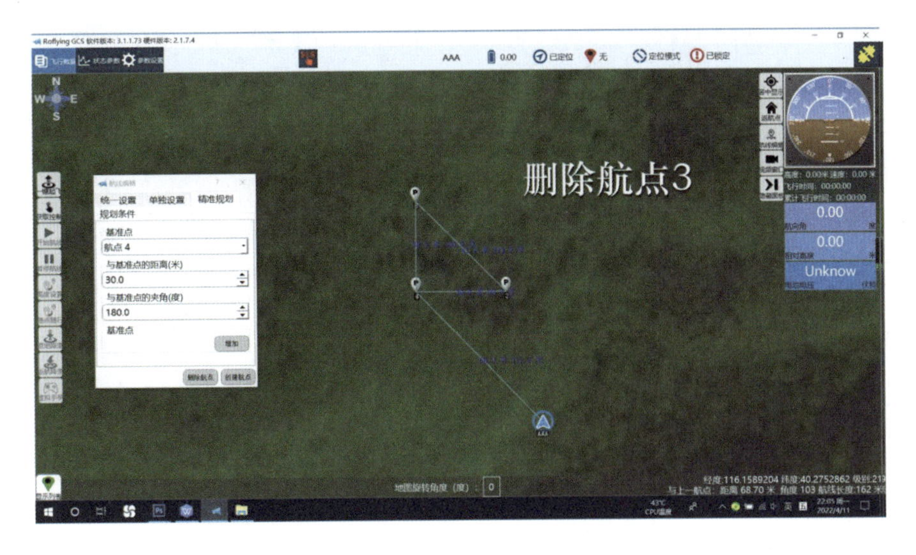

图 2.41　删除“航点 3”后自动完成航线编辑

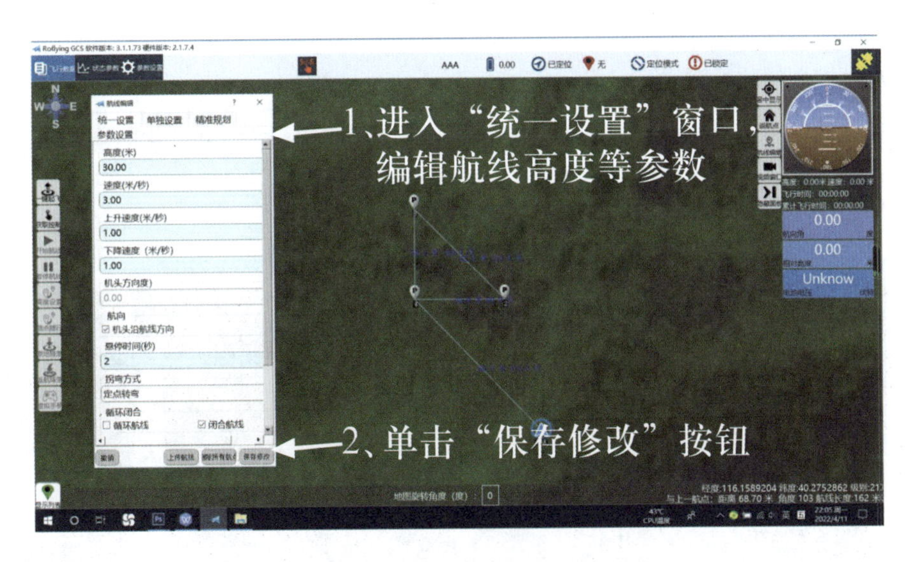

图 2.42　设置航线高度等参数

后续检查上传航线、一键起飞、悬停高度、获取控制、开始航线、返航降落等飞行操作与题型一的步骤和方法相同，均省略。

题型三

(1) 航线要求

起飞点（返航点）与考试席位的相对方位由委任代表根据现场环境等情况进行决定。于起飞点前规划一个六边形并循环执行，边长为 a，图中①②③航点相对地面高度为 b，④⑤⑥航点相对地面高度为 c，水平速度为 d，垂直速度为 e，拐弯方式为定点转弯，各点悬

停时间为 f。

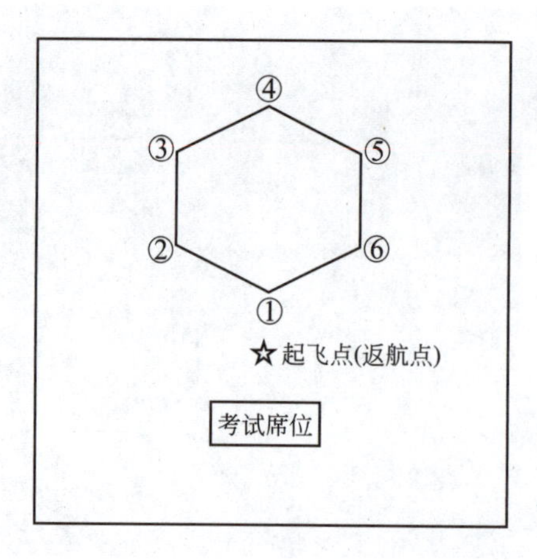

a 值建议为 30m（误差≤ ±3m），b 值建议为 25m，c 值建议为 30m，d 值建议为 2m/s，e 值建议为 1m/s，f 值建议为 2s。

（2）航线规划操作

① 调用“航线模板”。使用“默认工具”栏中的“航线模板”，可简化航点和航线的编辑，如图 2.43 所示。

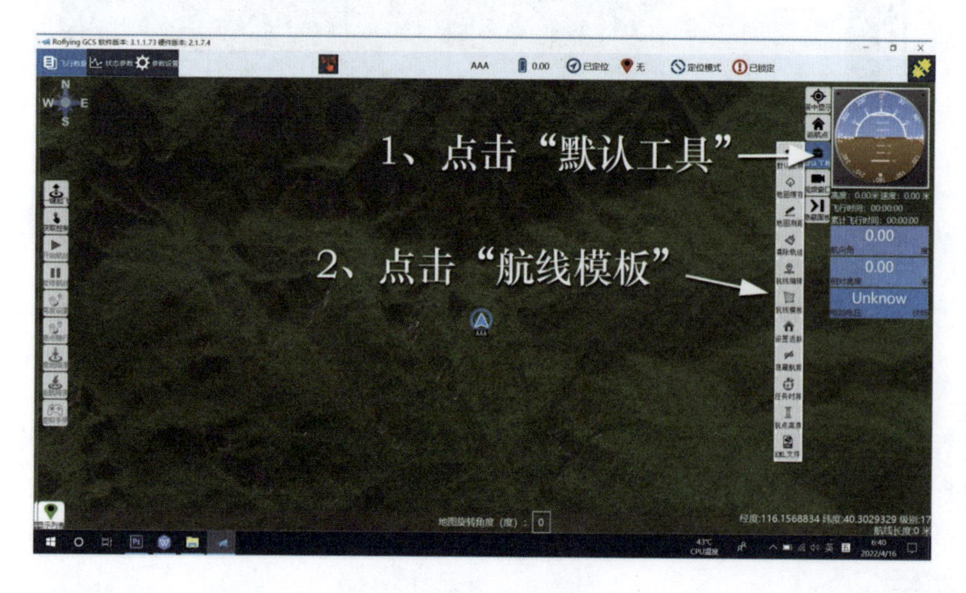

图 2.43 调用“航线模板”

② 编辑“模板区域”。通过“航线模板”进入“模板区域”窗口，根据题型给出的已知条件，编辑模板的“区域参数”，确认无误后点击“创建模板”按钮保存设置、显示已编辑的模板区域，如图 2.44 所示。

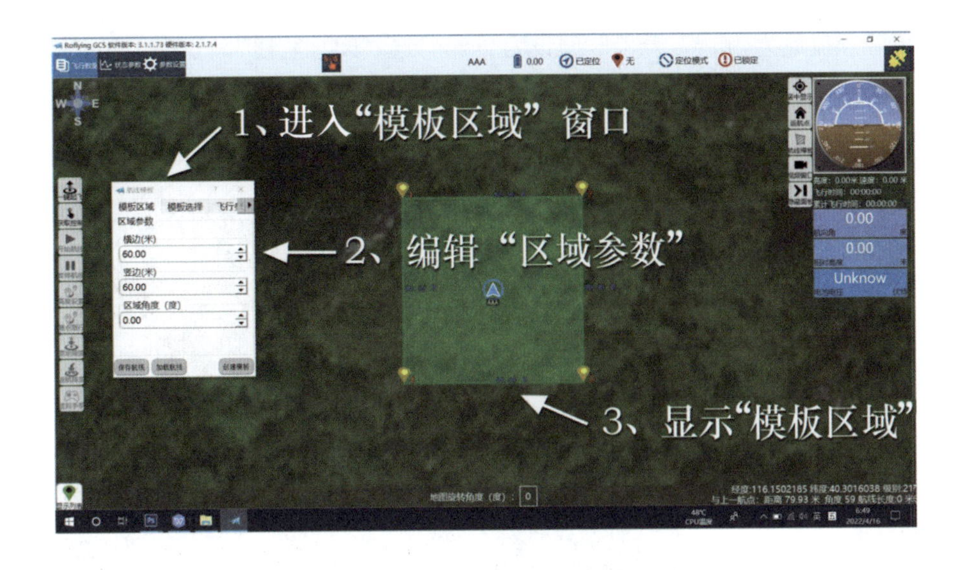

图 2.44　编辑“模板区域”

③ 利用“圆形航线”模板。通过“航线模板”进入“模板选择”窗口，选择“圆形航线”模板。根据题型已知条件设定航线参数，即“航点数量”设为“6”，“航线方向”设为“顺时针”,“区域角度（度）”设为“180”。点击“生成航线”按钮保存设置、显示已编辑的航线，如图 2.45 所示。

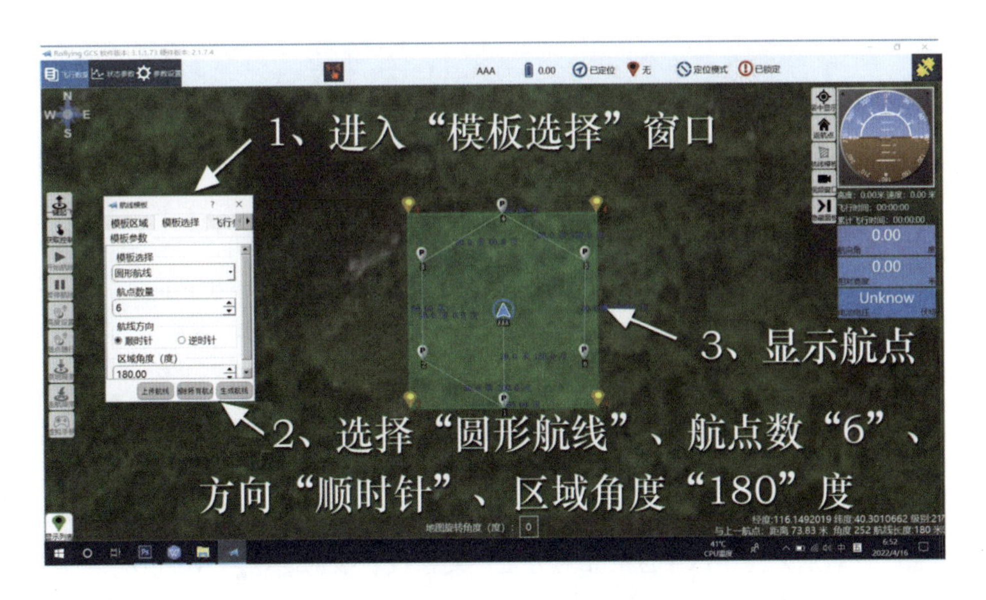

图 2.45　利用“圆形航线”模板的操作步骤

④ 统一设置航线高度等参数。通过“默认工具”“航线编辑”按钮，进入“统一设置”窗口。根据题型已知条件设定航线参数，即航线高度设为 30m，速度设为 2m/s，上升速度设

为2m/s，下降速度设为1m/s，悬停时间设为2s。勾选“闭合航线”，点击“保存修改”按钮后再点击“是（Y）”按钮，如图2.46所示。

图2.46 编辑航线高度、速度等参数

后续检查上传航线、一键起飞、悬停高度、获取控制、开始航线、返航降落等飞行操作与题型一的步骤和方法相同，均省略。

题型四

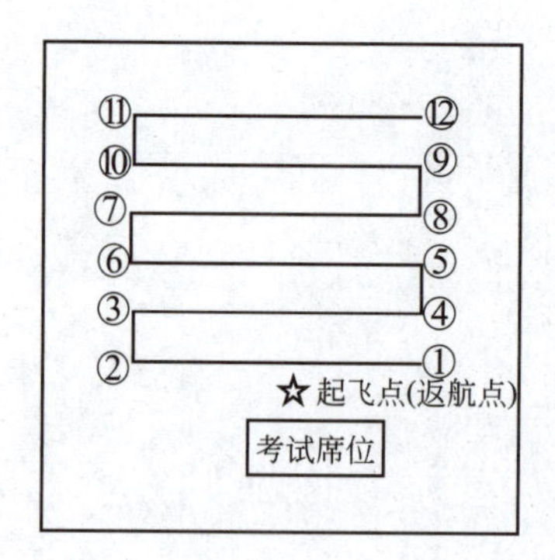

（1）航线要求

起飞点（返航点）与考试席位的相对方位由委任代表根据现场环境等情况进行决定。按图于起飞点前规划扫描航线，航线长度为a，航线间隔为b，航线相对地面高度为c，水平速度为d，垂直速度为e，拐弯方式为定点转弯，悬停时间不作要求。

a值建议为30m（误差≤±3m），b值建议为10m（误差≤±1m），c值建议为30m，d值建议为3m/s，e值建议为1m/s。

（2）航线规划操作

① 调用“航线模板”。使用“默认工具”栏中的“航线模板”，可简化航点和航线的编辑，如图 2.47 所示。

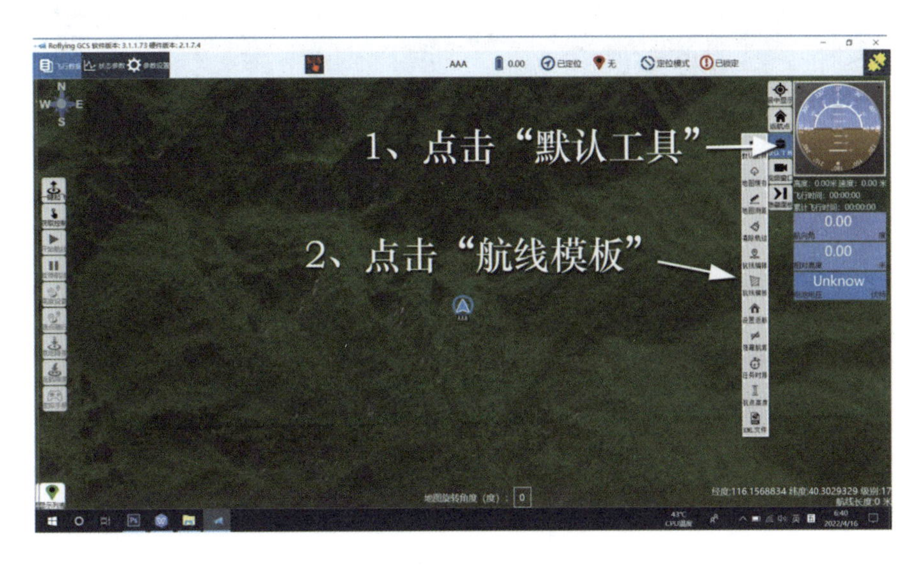

图 2.47　调用“航线模板”

② 编辑“模板区域”。通过“航线模板”进入“模板区域”窗口。根据题型已知条件编辑模板的“区域参数”，确认无误后点击“创建模板”按钮保存设置、显示已编辑的模板区域，如图 2.48 所示。

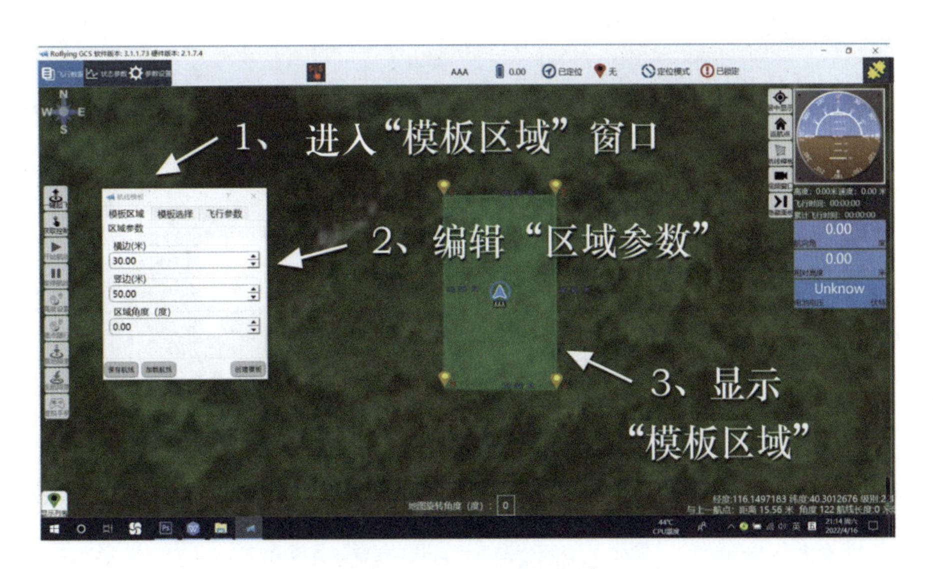

图 2.48　编辑“模板区域”

③ 利用“弓形航线”模板。通过“航线模板”进入“模板选择”窗口，选择“弓形航线”模板。根据题型已知条件设定航线参数，即“航点数量”设为“12”，“起始边”设为“1-2”，

“航线方向”设为“正向航线”，“区域角度（度）”设为“180”。点击“生成航线”按钮保存设置、显示已编辑的航线，如图 2.49 所示。

图 2.49 利用“弓形航线”模板的操作步骤

④ 统一设置航线高度等参数。通过“默认工具”“航线编辑”按钮，进入“统一设置”窗口。根据题型已知条件设定航线参数，即航线高度为 30m，水平速度为 3m/s，垂直速度为 1m/s，悬停时间未作要求（为量化操作，本题设定悬停时间为 2s）。点击“保存修改”按钮后再点击“是（Y）”按钮，如图 2.50 所示。

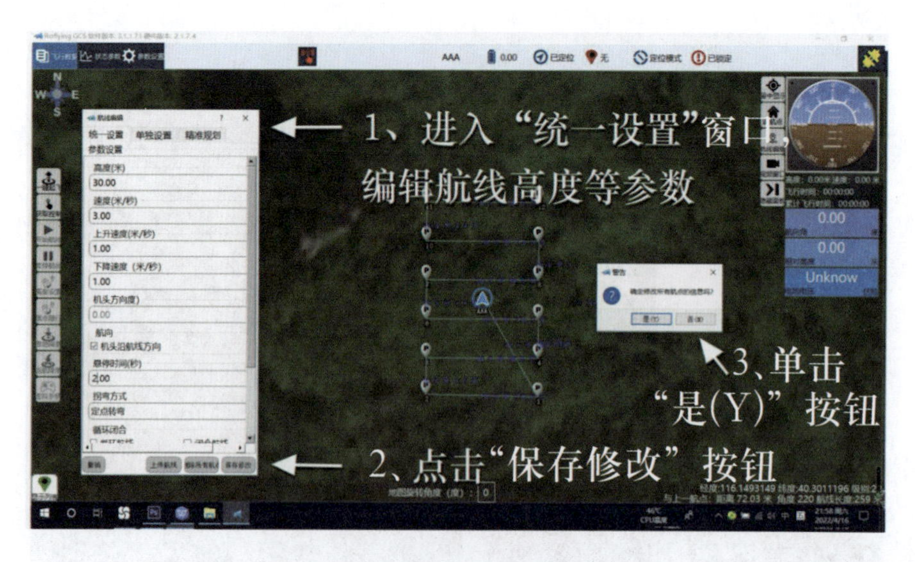

图 2.50 统一设置航线高度等参数步骤

后续检查上传航线、一键起飞、悬停高度、获取控制、开始航线、返航降落等飞行操作与题型一的步骤和方法相同，均省略。

题型五

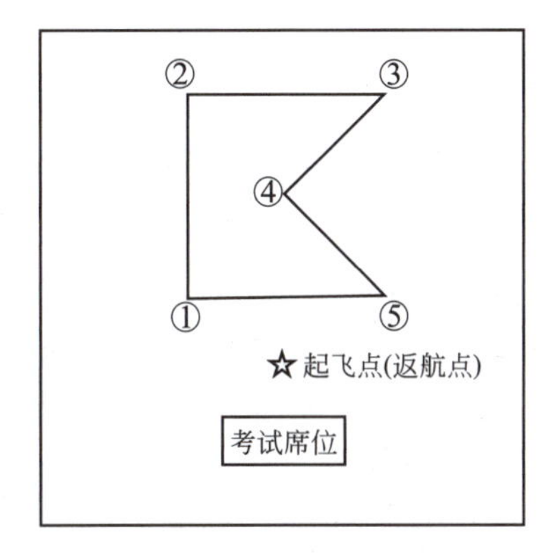

（1）航线要求

起飞点（返航点）与考试席位的相对方位由委任代表根据现场环境等情况进行决定。按图于起飞点前规划一个五边形并循环执行，图中①②边及②③边的边长为 a，∠②为 90°，航线相对地面高度为 b，水平速度为 c，垂直速度为 d，拐弯方式为定点转弯，各点悬停时间为 e。

a 值建议为 30m，b 值建议为 30m，c 值建议为 3m/s，d 值建议为 1m/s，e 值建议为 2s。

（2）航线规划操作

① 使用“精准规划”工具。打开工具栏中的“默认工具”，再点击“航线编辑”按钮，随即弹出“航线编辑”窗口，可以看到“统一设置”“单独设置”和“精准规划”3 个编辑选项，选择“精准规划”选项，如图 2.51 所示。

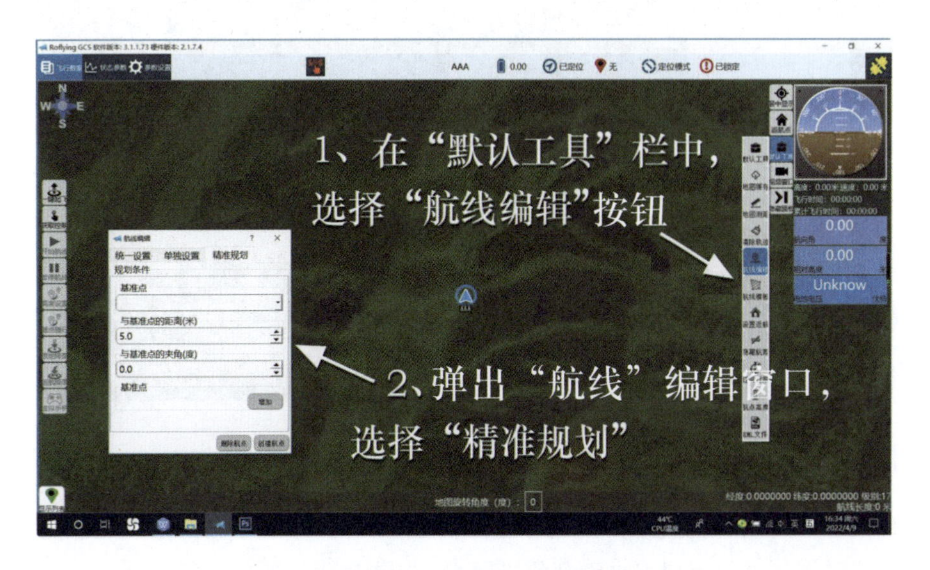

图 2.51　进入“精准规划”编辑选项步骤

② 编辑航点 1。为量化操作，设定飞行器现在的位置就是起飞点（返航点），在起飞点 315° 方向 60m 处设“航点 1”。通过“精准规划”窗口，编辑创建“航点 1”，如图 2.52 所示。

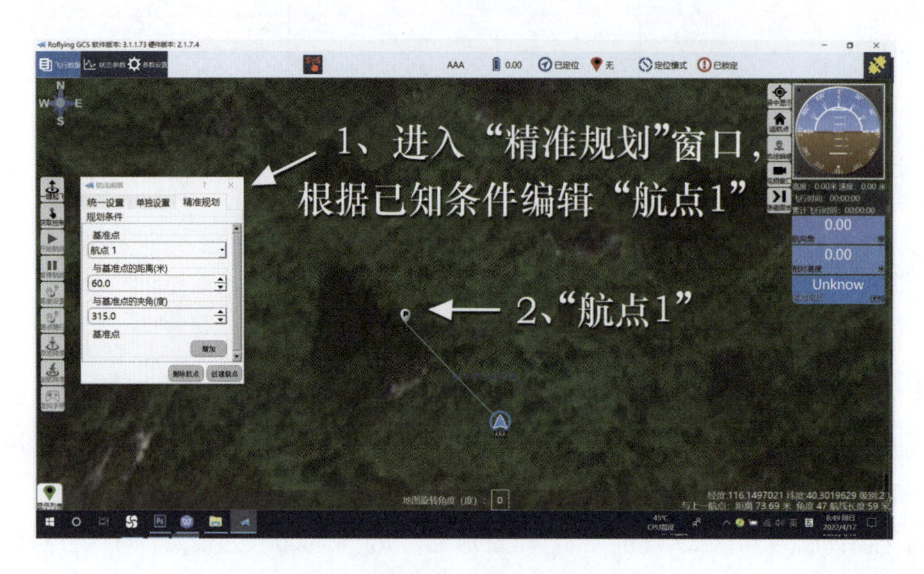

图 2.52　编辑创建“航点 1”的操作步骤

③ 编辑航点 2 和航线。以“航点 1”为基准点，根据已知的航线长度 30m、航向夹角 0°，通过“精准规划”窗口，编辑创建“航点 2”和航线，如图 2.53 所示。

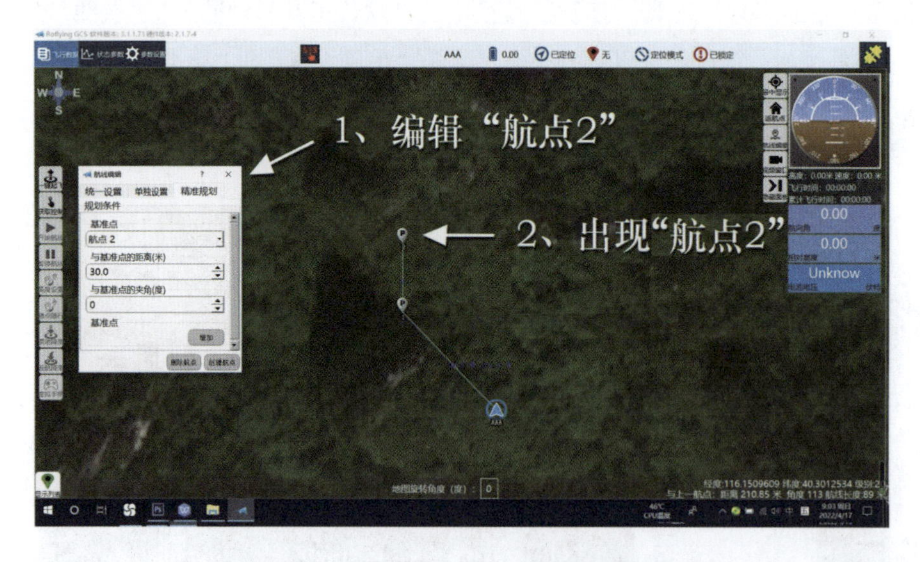

图 2.53　编辑创建“航点 2”和航线的操作步骤

④ 编辑航点 3 和航线。以“航点 2”为基准点，根据已知条件航线长度 30m、航向夹角 90°，通过“精准规划”窗口，编辑创建“航点 3”和航线，如图 2.54 所示。

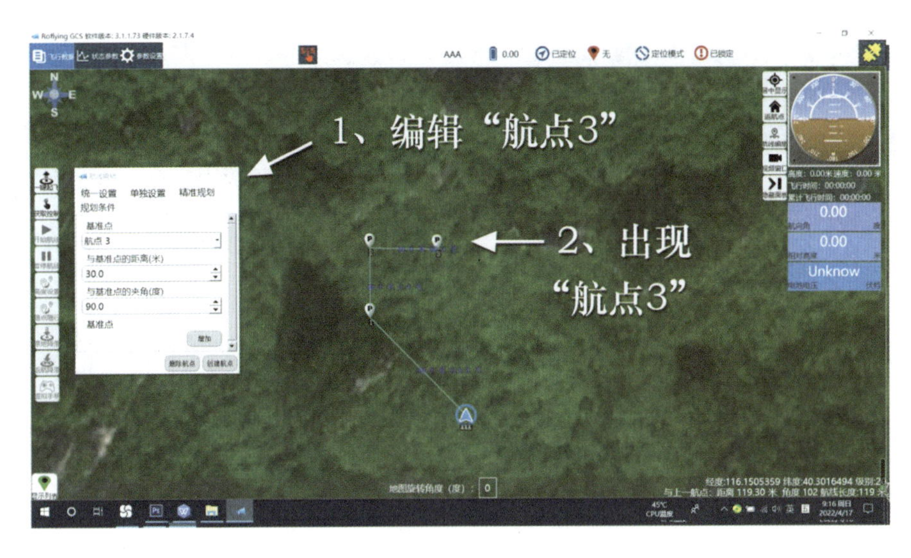

图 2.54　编辑创建“航点 3”和航线的操作步骤

⑤ 编辑航点 4 和航线。以“航点 3”为基准点，先画出“航点 4”和航线，如图 2.55 所示。

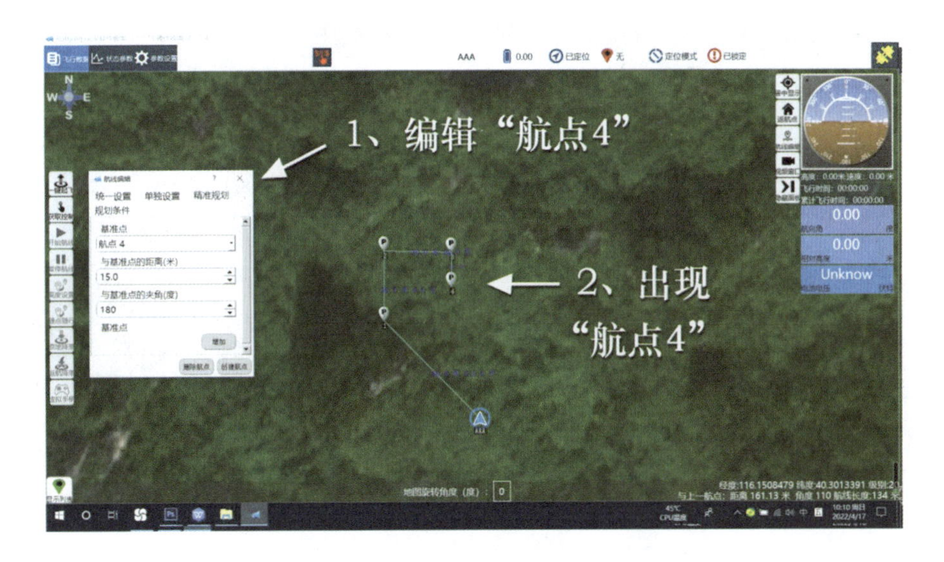

图 2.55　编辑创建“航点 4”和航线的操作步骤

⑥ 编辑航点 5 和航线。以“航点 4”为基准点，画出“航点 5”和航线，如图 2.56 所示。

⑦ 删除“航点 4”。“航点 4”被删除后，直角航线自动变为斜向航线，“航点 5”变为“航点 4”。这种方法虽然编辑步骤较多，但可免去斜线长度和角度的计算，如图 2.57 所示。

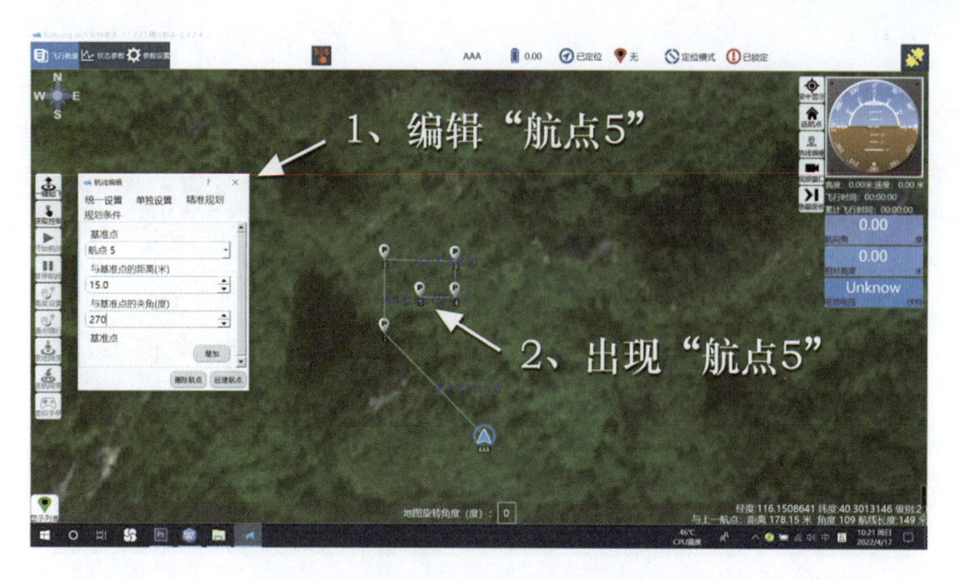

图 2.56　编辑创建“航点 5”和航线的操作步骤

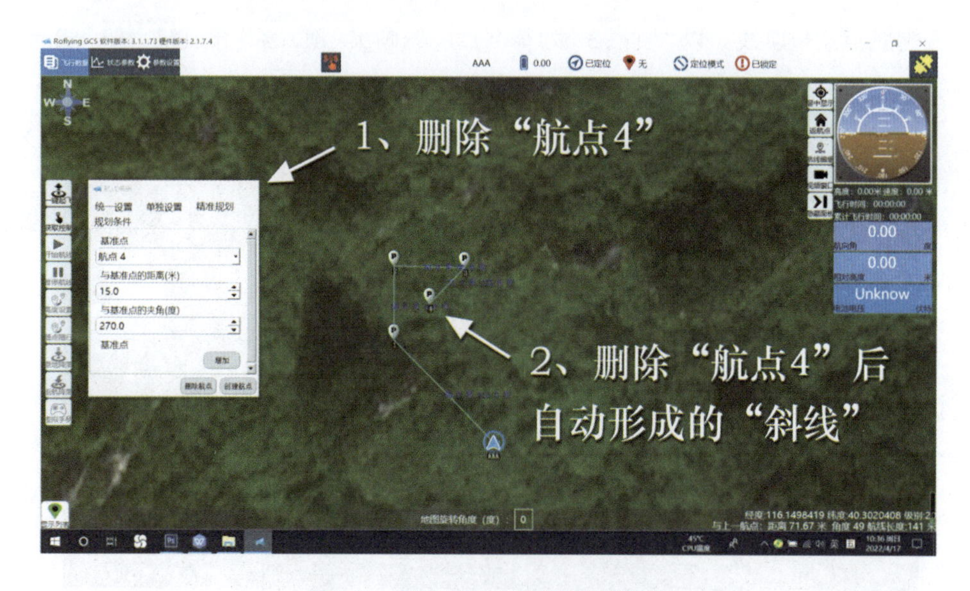

图 2.57　删除“航点 4”后的航线变化

⑧ 编辑航点 5 和航点 6。按照先画矩形航线再删除多余航点自动形成斜线的方法，以“航点 4”为基准点，编辑“航点 5”和“航点 6”，如图 2.58 所示。

⑨ 删除“航点 5”。“航点 5”被删除后，直角航线自动变为斜向航线，“航点 6”变为“航点 5”，如图 2.59 所示。

⑩ 实现航线闭合。以“航点 5”为基准点，编辑“航点 6”，实现航线闭合，如图 2.60 所示。

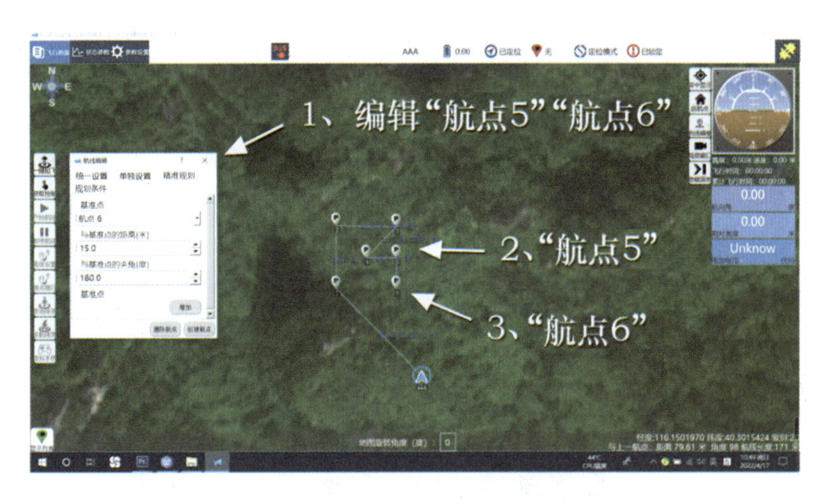

图 2.58　编辑“航点 5”和“航点 6”的操作步骤

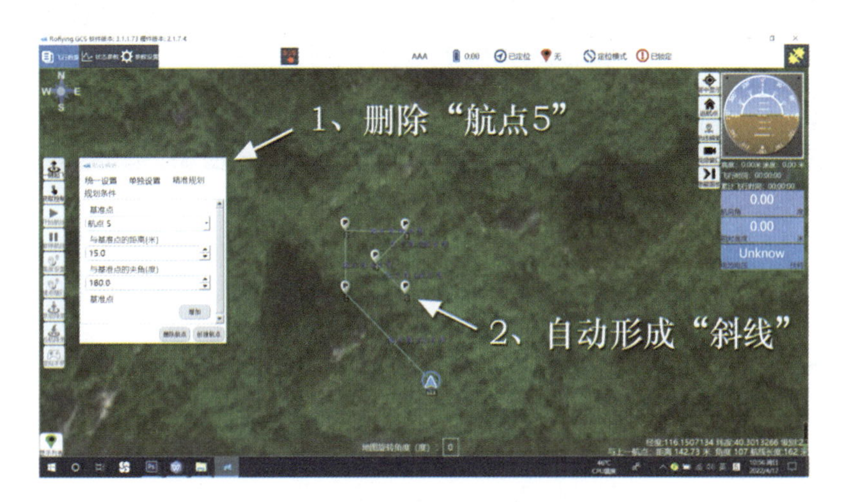

图 2.59　删除“航点 5”后的航线变化

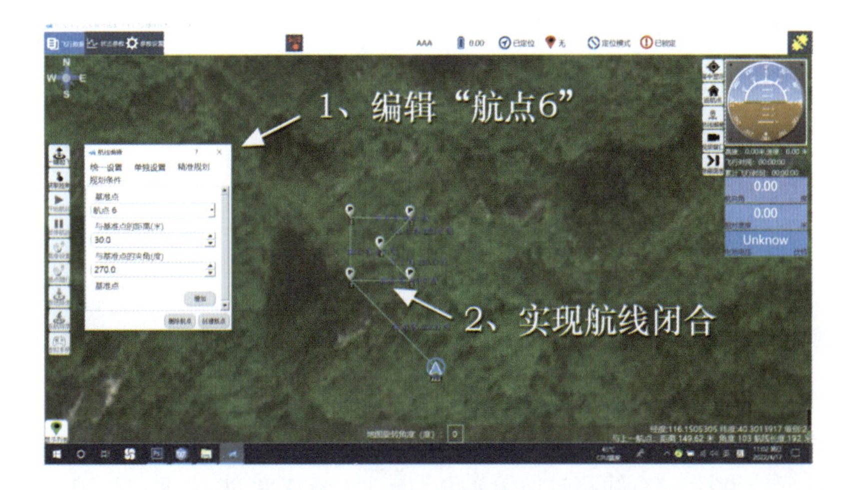

图 2.60　实现航线闭合的操作步骤

⑪ 统一设置航线高度等参数。通过“默认工具”“航线编辑”按钮，进入“统一设置”窗口。根据题型已知条件设定航线参数，即航线高度为30m，水平速度为3m/s，垂直速度为1m/s，悬停时间未作要求（为量化操作，设定悬停时间为2s）。点击“保存修改”按钮后再点击“是（Y）”按钮，如图2.61所示。

图2.61　统一设置航线高度等参数

后续检查上传航线、一键起飞、悬停高度、获取控制、开始航线、返航降落等飞行操作与题型一的步骤和方法相同，均省略。

题型六

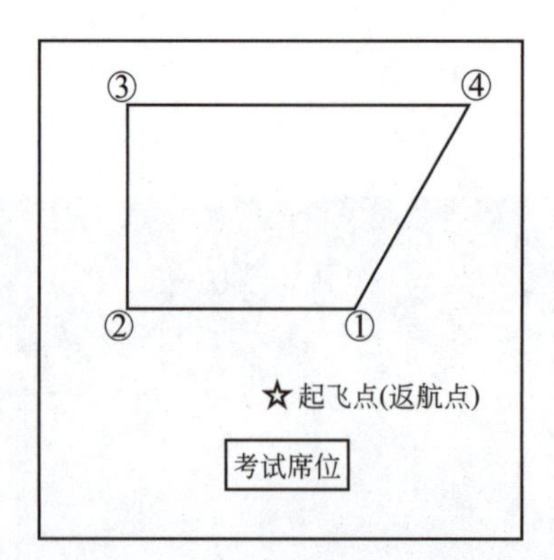

（1）航线要求

起飞点（返航点）与考试席位的相对方位由委任代表根据现场环境等情况进行决定。按图于起飞点前规划一个四边形并循环执行，图中①②边、②③边的边长为a，③④边的边长为b，∠②＝∠③=90°，航线相对地面高度为c，水平速度为d，垂直速度为e，拐弯方式为定点转弯，悬停时间不作要求。

a 值建议为 20m，b 值建议为 30m，c 值建议为 30m，d 值建议为 3m/s，e 值建议为 2m/s。

（2）航线规划操作

① 使用“精准规划”工具。打开工具栏中的“默认工具”，再点击“航线编辑”按钮，随即弹出“航线编辑”窗口，可以看到“统一设置”“单独设置”和“精准规划”3 个编辑选项，选择“精准规划”选项，如图 2.62 所示。

图 2.62　进入“精准规划”编辑项步骤示意

② 编辑航点 1。为量化操作，设定飞行器现在的位置就是起飞点（返航点），在起飞点 0° 方向 60m 处设“航点 1”。通过“精准规划”窗口，编辑创建“航点 1”，如图 2.63 所示。

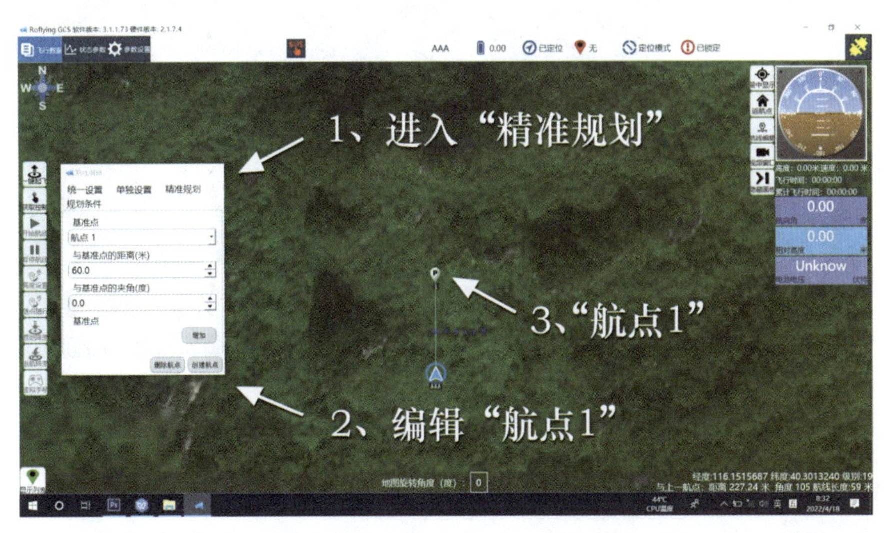

图 2.63　编辑创建“航点 1”的操作步骤

③ 编辑航点 2 和航线。以“航点 1”为基准点，根据已知的航线长度 20m、航向夹角 270°，通过“精准规划”窗口，编辑创建“航点 2”和航线，如图 2.64 所示。

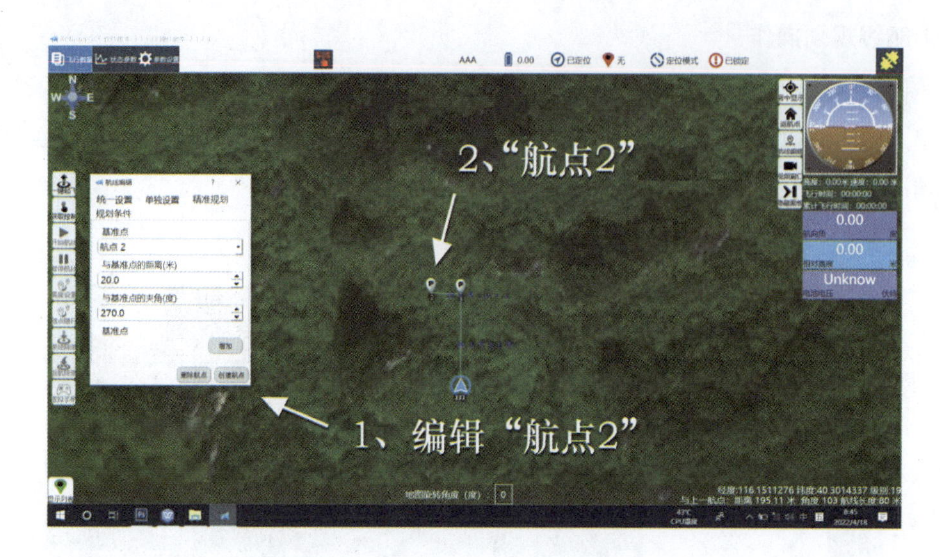

图 2.64　编辑创建“航点 2”和航线的操作步骤

④ 编辑航点 3 和航线。以“航点 2”为基准点，根据已知条件航线长度 20m、航向夹角 0°，通过“精准规划”窗口，编辑创建“航点 3”和航线，如图 2.65 所示。

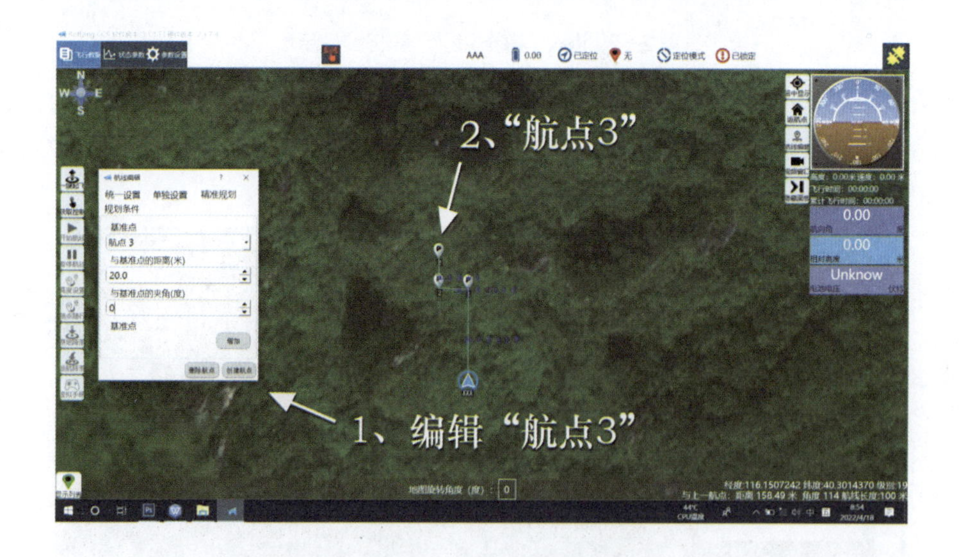

图 2.65　编辑创建“航点 3”和航线的操作步骤

⑤ 编辑航点 4 和航线。以“航点 3”为基准点，根据已知条件航线长度 30m、航向夹角 90°，通过“精准规划”窗口，编辑创建“航点 4”和航线，如图 2.66 所示。

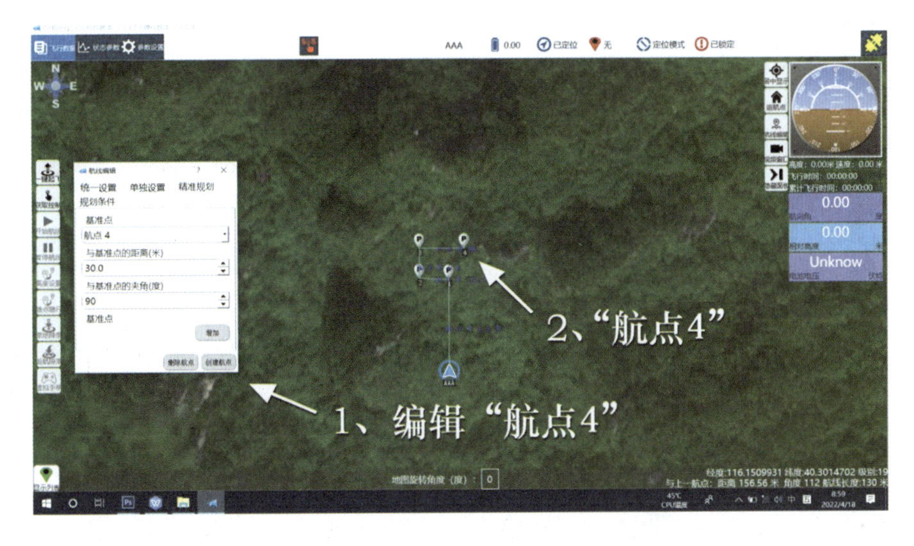

图 2.66　编辑创建“航点 4”和航线的操作步骤

⑥ 实现闭合航线。退出“精准规划”，进入“统一设置”窗口，勾选“闭合航线”，实现“航点 4”与“航点 1”的闭合，如图 2.67 所示。

图 2.67　实现航线闭合的操作步骤

⑦ 统一设置航线高度等参数。通过“默认工具”“航线编辑”按钮，进入“统一设置”窗口。根据题型已知条件设定航线参数，即航线高度为 30m，水平速度为 3m/s，垂直速度为 2m/s，悬停时间未作要求（为量化操作，设定悬停时间为 2s）。按题型要求设为“循环航线”。点击“保存修改”按钮后再点击“是（Y）”按钮，如图 2.68 所示。

后续检查上传航线、一键起飞、悬停高度、获取控制、开始航线、返航降落等飞行操作与题型一的步骤和方法相同，均省略。

图 2.68　统一设置航线高度等参数

题型七

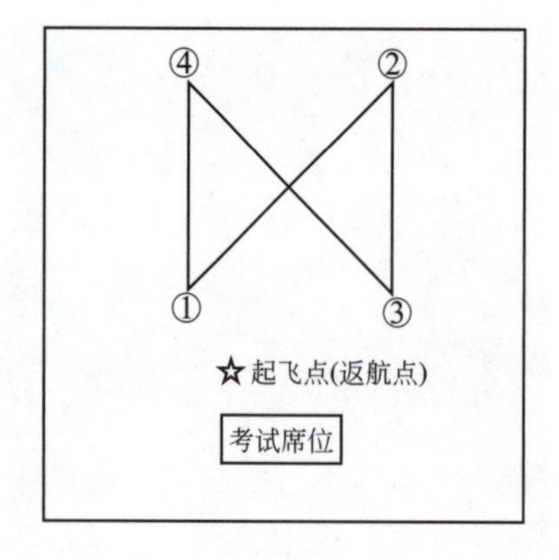

（1）航线要求

起飞点（返航点）与考试席位的相对方位由委任代表根据现场环境等情况进行决定。按图于起飞点前规划一个闭合图形并循环执行，各点之间距离不小于 20m，图中①点相对地面高度为 a，②点相对地面高度为 b，③点相对地面高度为 c，④点相对地面高度为 d，水平速度为 e，垂直速度为 f，拐弯方式为定点转弯，悬停时间不作要求。

a 值建议为 20m，b 值建议为 25m，c 值建议为 30m，d 值建议为 25m，e 值建议为 2m/s，f 值建议为 1m/s。

（2）航线规划操作

① 使用“精准规划”工具。打开工具栏中的“默认工具”，再点击“航线编辑”按钮，

随即弹出“航线编辑”窗口，可以看到“统一设置”“单独设置”和“精准规划”3 个编辑选项。选择“精准规划”选项，如图 2.69 所示。

图 2.69　进入“精准规划”编辑项步骤示意

② 编辑航点 1。为量化操作，设定飞行器现在的位置就是起飞点（返航点），在起飞点 315° 方向 30m 处设“航点 1”。通过“精准规划”窗口，编辑创建“航点 1”，如图 2.70 所示。

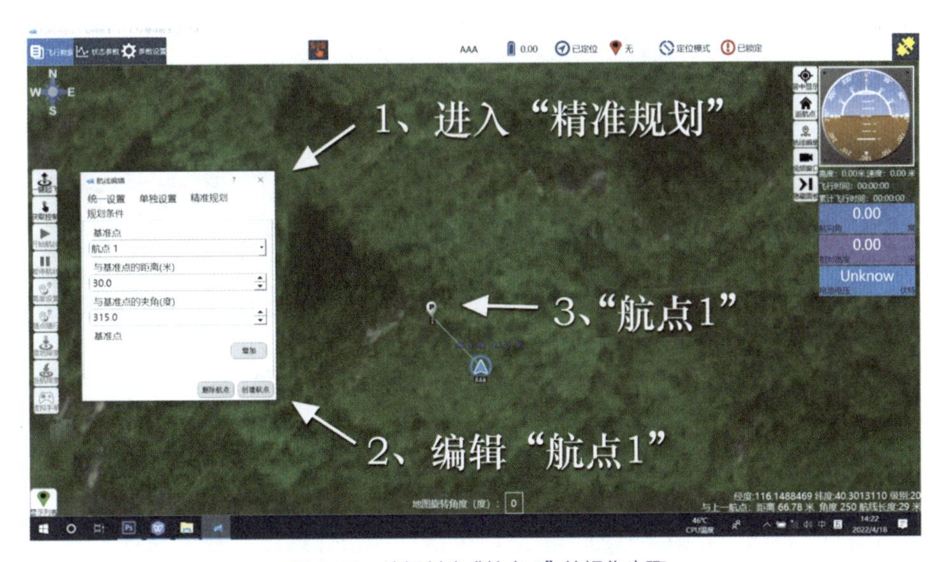

图 2.70　编辑创建“航点 1”的操作步骤

③ 编辑航点 2 和航线。以“航点 1”为基准点，根据已知条件通过“精准规划”窗口，编辑创建“航点 2”和航线，如图 2.71 所示。

④ 编辑航点 3 和航线。以“航点 2”为基准点，根据已知条件通过“精准规划”窗口，编辑创建“航点 3”和航线，如图 2.72 所示。

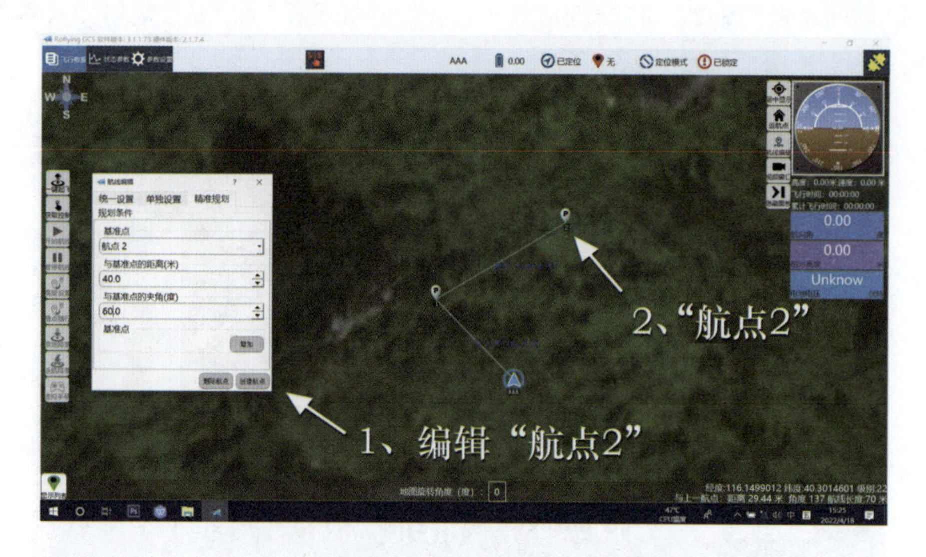

图 2.71　编辑创建“航点 2”和航线的操作步骤

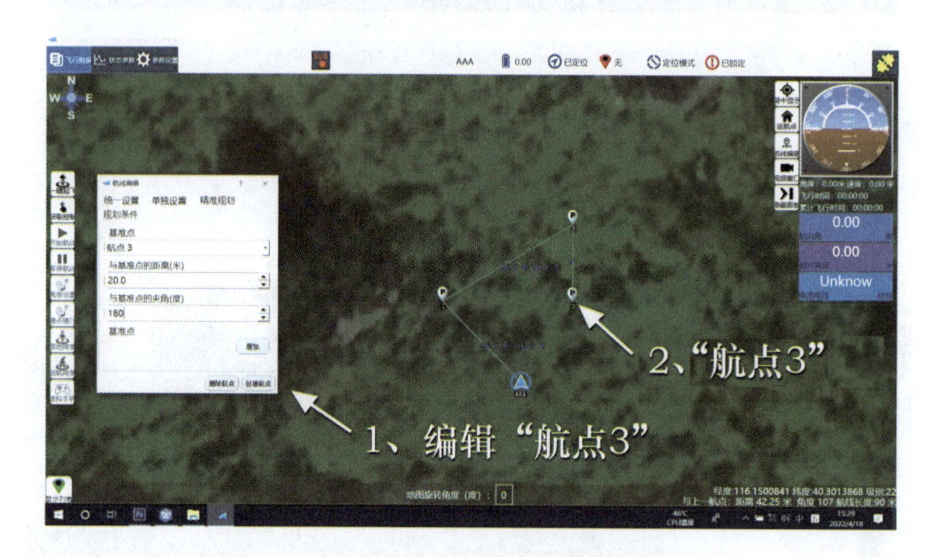

图 2.72　编辑创建“航点 3”和航线的操作步骤

⑤ 编辑航点 4 和航线。以“航点 3”为基准点，根据已知条件通过“精准规划”窗口，编辑创建“航点 4”和航线，如图 2.73 所示。

⑥ 编辑航点 5。以“航点 4”为基准点，根据已知条件通过“精准规划”窗口，编辑创建“航点 5”，与“航点 1”实现航线闭合，如图 2.74 所示。

⑦ 设置航点 1 高度、速度等参数。通过“默认工具”“航线编辑”按钮，进入“单独设置”窗口。根据题型已知条件设定航点 1 的高度为 20m，水平速度为 2m/s，垂直速度为 1m/s。悬停时间未作要求，为量化操作，设定为 2s。点击“确认修改”按钮，如图 2.75 所示。

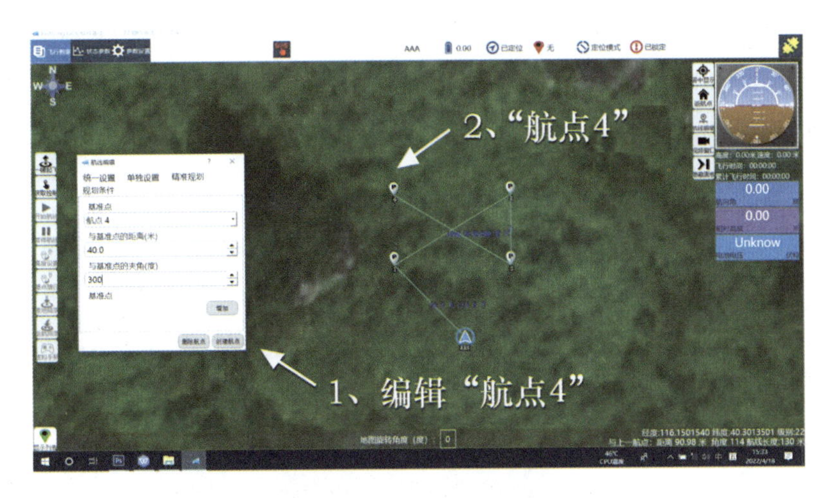

图 2.73　编辑创建“航点 4”和航线的操作步骤

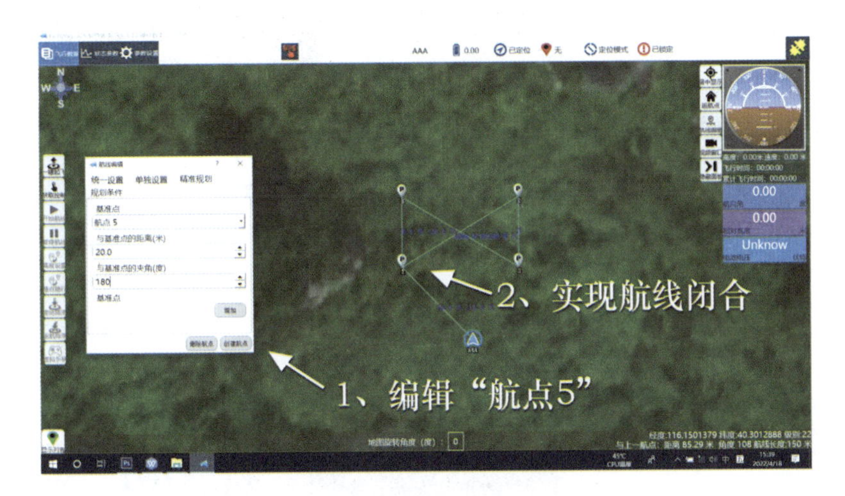

图 2.74　实现航线闭合的操作步骤

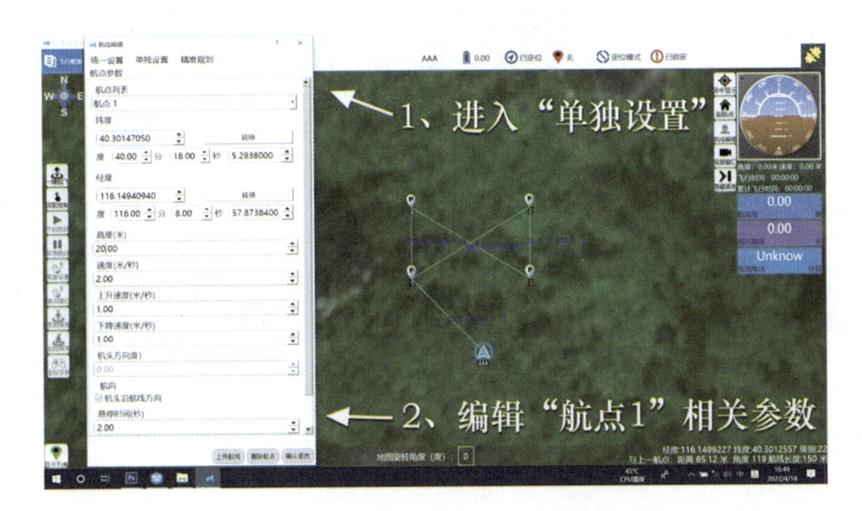

图 2.75　设置“航点 1”高度、速度等参数

⑧ 设置航点 2 高度、速度等参数。继续通过“单独设置”窗口，根据题型已知条件设定航点 2 的高度为 25m，水平速度为 2m/s，垂直速度为 1m/s。悬停时间未作要求，为量化操作，设定为 2s。点击“确认修改”按钮，如图 2.76 所示。

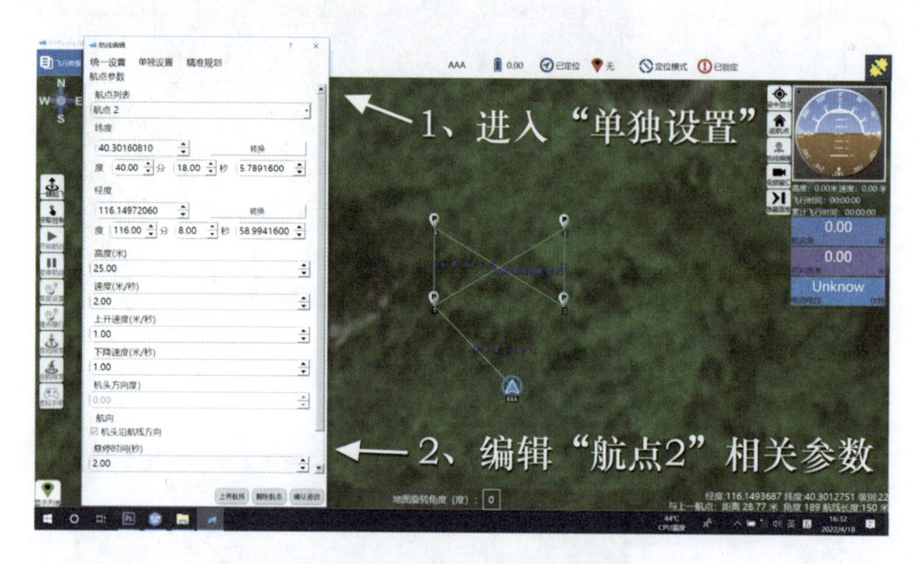

图 2.76 设置“航点 2”高度、速度等参数

⑨ 设置航点 3 高度、速度等参数。继续通过“单独设置”窗口，根据题型已知条件设定航点 3 的高度为 30m，水平速度为 2m/s，垂直速度为 1m/s。悬停时间未作要求，为量化操作，设定为 2s。点击“确认修改”按钮，如图 2.77 所示。

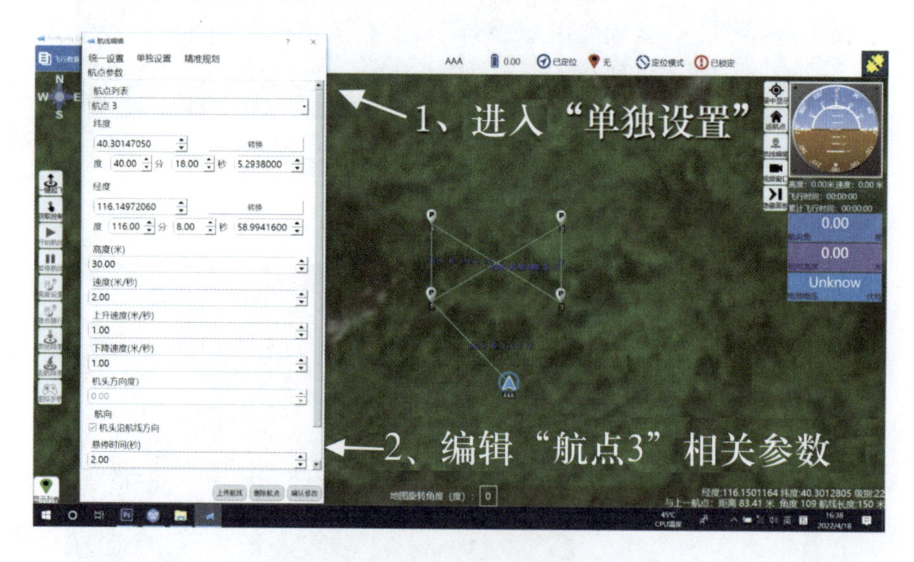

图 2.77 设置航点 3 高度、速度等参数

⑩ 设置航点 4 高度、速度等参数。继续通过“单独设置”窗口，根据题型已知条件设定航点 4 的高度为 25m，水平速度为 2m/s，垂直速度为 1m/s。悬停时间未作要求，为量化操作，设定为 2s。点击“确认修改”按钮，如图 2.78 所示。

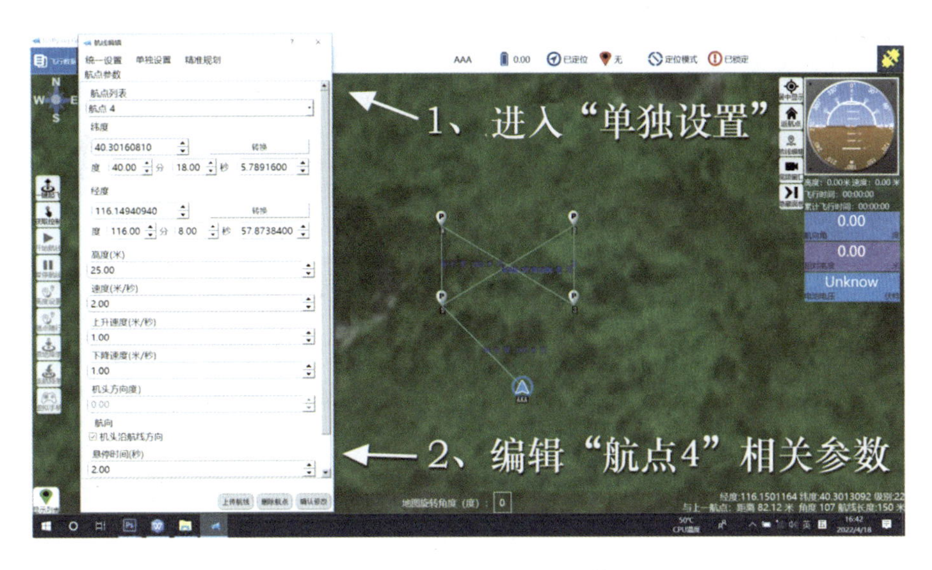

图 2.78　设置航点 4 高度、速度等参数

后续检查上传航线、一键起飞、悬停高度、获取控制、开始航线、返航降落等飞行操作与题型一的步骤和方法相同，均省略。

题型八

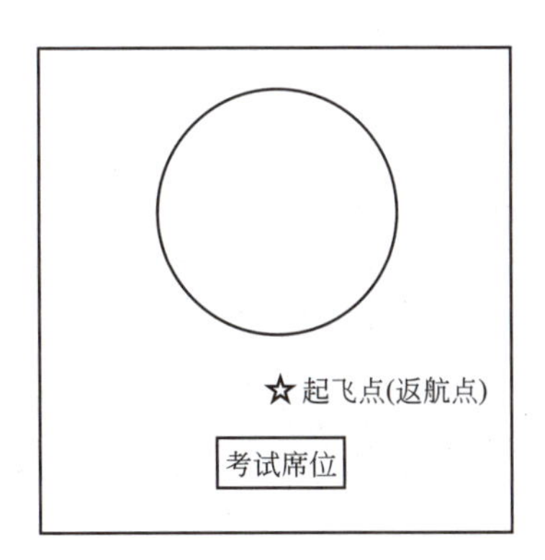

（1）航线要求

起飞点（返航点）与考试席位的相对方位由委任代表根据现场环境等情况进行决定。按图于起飞点前规划一个闭合圆形航线并循环执行，航点数量≥ 10 个，直径为 a，航线相对地面高度为 b，水平速度为 c，垂直速度为 d，拐弯方式为协调转弯。

a 值建议为 30m，b 值建议为 30m，c 值建议为 2m/s，d 值建议为 1m/s。

（2）航线规划操作

① 调用“航线模板”。通过“默认工具”栏中的“航线模板”，可简化航点和航线的编辑，如图 2.79 所示。

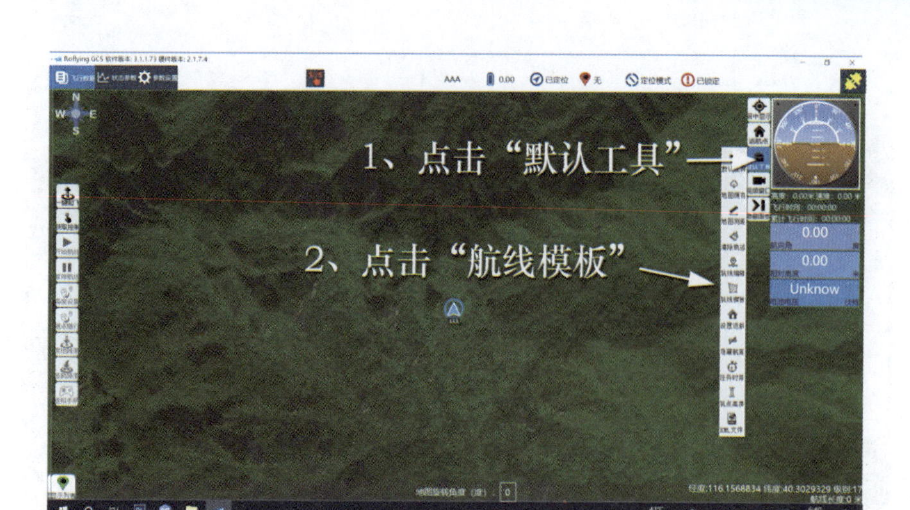

图 2.79　调用“航线模板”

② 编辑“模板区域”。通过“航线模板”进入“模板区域”窗口。根据题型已知条件编辑模板的“区域参数”，点击“创建模板”按钮保存设置、显示已编辑的模板区域，如图 2.80 所示。

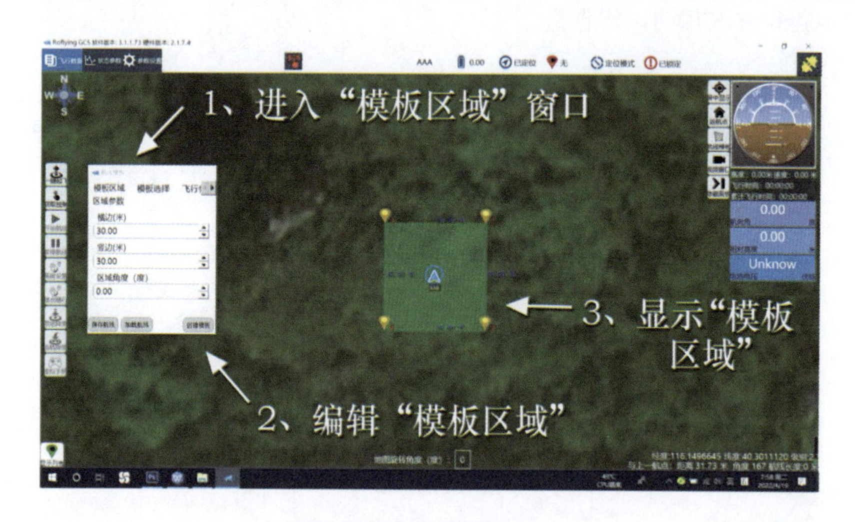

图 2.80　编辑“模板区域”

③ 利用“圆形航线”模板。通过“航线模板”进入“模板选择”窗口，选择“圆形航线”模板。根据航点数量≥ 10 个、直径为 30m 的已知条件编辑航线，如图 2.81 所示。

④ 统一设置航线高度等参数。通过“默认工具”“航线编辑”按钮，进入“统一设置”窗口。根据题型已知条件设定航线参数，即航线高度设为 30m，速度设为 2m/s，上升速度设为 1m/s，下降速度设为 1m/s，拐弯方式设为“协调转弯”。勾选“闭合航线”，实现航点 1 与航点 12 闭合。点击“保存修改”按钮后再点击“是（Y）”按钮，如图 2.82 所示。

后续检查上传航线、一键起飞、悬停高度、获取控制、开始航线、返航降落等飞行操作与题型一的步骤和方法相同，均省略。

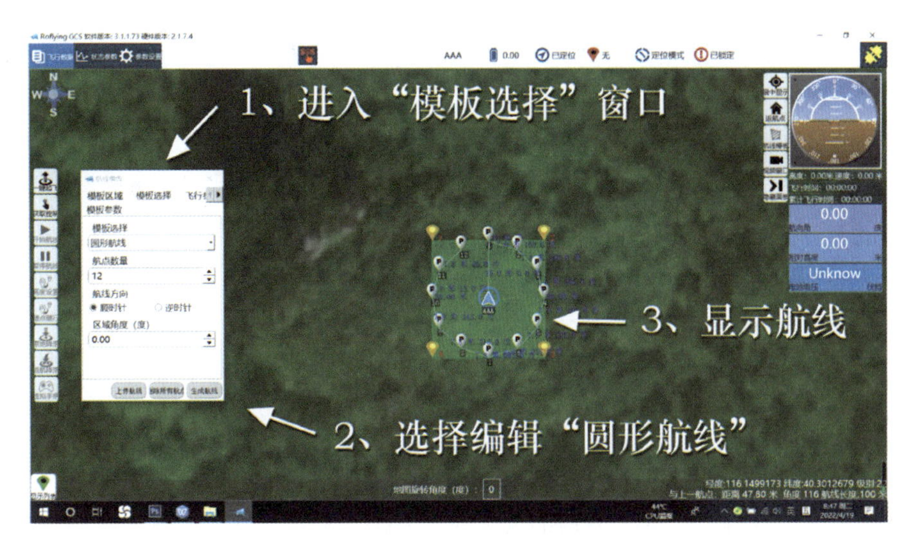

图 2.81 利用“圆形航线”模板的操作步骤

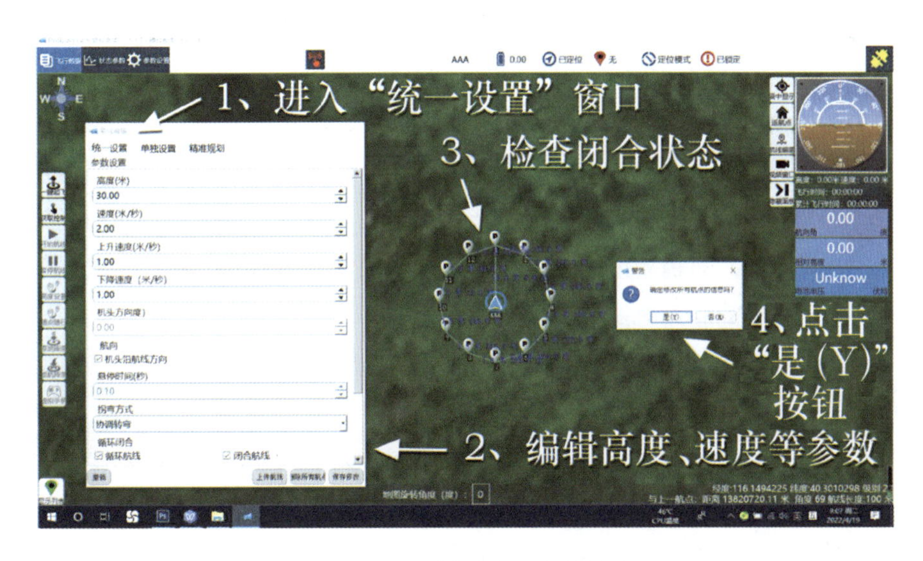

图 2.82 编辑航线高度、速度等参数

2.2.7 拍摄设置

无人机拍摄是航与拍的结合，按照航线飞行是基础，在飞行过程中航点、拍摄轴向、拍摄景别、拍摄数量、拍摄时间、视频的起幅与落幅点位等的设定，都需要通过地面站来完成。

（1）设置航点

无人机拍摄的机位即是空中取景的视点，也是航线规划的航点。选择一个合适的拍摄航点，应综合考虑以下因素。

① 确定被拍摄目标。无人机拍摄首先应明确被拍摄目标位置与拍摄范围，明确了位置就

为设定航点提供了经纬度坐标，明确了拍摄范围就能估算出航点与被拍摄目标应保持的距离。这是因为无人机搭载的任务载荷使用多长焦距的镜头是已知的，在不同距离获得的视野也是可预计的。拍摄距离拉大，视野就会扩大；反之，拍摄距离抵近，视野就会缩小。只有选择的距离合适，才能拍到想要的范围。变焦镜头虽然能够改变视野，但是变化的范围有限，各个焦段的成像质量也不尽相同，不一定能满足任务要求。因此，调整拍摄距离是首先要考虑的。

② 确定拍摄轴向。明确了距离，还要考虑拍摄轴向，即取景的角度。不同的拍摄角度呈现的被拍摄目标会有所不同，如正面拍摄、侧面拍摄、俯瞰拍摄、环绕拍摄等可以有多种选择。无人机拍摄在选择轴向时，除了考虑本机位拍摄效果，往往还要考虑与其他机位成组拍摄的配合。在一个拍摄现场成组布置拍摄机位时，无人机往往占据着较高机位，镜头多以远景、全景、中景为主，多数情况下拍摄主轴向会以无人机确定的拍摄轴向为主，其他拍摄机位会依据主轴向布置，形成多个与主轴向呼应的次轴向。因此，无人机拍摄常常起到定向的作用，时长也可能就是 2 ～ 3s，但作用突出，值得认真规划设计。确定了拍摄轴向，再结合前面确定的拍摄距离，无人机拍摄的机位（即拍摄航点）就有了明确的经纬度坐标和相对高度。

③ 确定拍摄景别。设定拍摄距离时，考虑的是将被拍摄目标拍入取景画面的最大范围，也就是将被拍摄主体和周围衬体一并拍入画面的范围。按照常规的远景、全景、中景、近景、特写五种景别划分，将被拍摄主体及附近衬体拍全，属于远景或全景范围的景别。无人机在空中可自由方便定位的特点，还提供了能拍摄中景、近景、特写等景别的优势，与常规的拍摄远景、全景相比，只需要缩短拍摄距离就能实现。具体方法就是在航线规划中，增设一些与被拍摄主体更近的航点。

④ 确定光线角度。无人机拍摄任务多数是在自然光线下的拍摄，如果被拍摄目标有光线照射角度、亮度、对比度、色温的要求，还要考虑拍摄时间。日光的变化有其特有的规律，不同季节、不同纬度、每日不同时间都有所不同，只能顺应规律加以利用，而不能人为臆断。以拍摄日出为例，首先要考虑当地日出的时间，预计好无人机到达拍摄机位时日出的高度，如果需要拍摄太阳刚刚越出地平线的镜头，不但时间要求精准，还要考虑无人机的拍摄高度，无人机从高空位置看到日出的时间会比低空位置早一些，在山区时这种时间差会更明显。如果要拍摄水面的反光，按照光线入射角与反射角相等的光线反射原理，需要预计阳光在各时间段照射到水面的角度。

航点在视距内拍摄时比较直观，使用地面站拍摄时需要考虑的因素较多、难度较大，只有设定好航点，无人机拍摄中的动作设定才会有正确的参考。航点与拍摄目标的空间关系示意图如图 2.83 所示。

（2）设置动作

无人机拍摄需要飞行与拍摄密切结合。航线规划明确了航点和航线，在飞行过程中如何拍摄还需要通过设定任务载荷的“动作”来确定。常见的拍摄动作有云台俯仰角和偏航角设定，镜头焦距变化设定，拍照、录像开启与关闭等。

图 2.83　航点与拍摄目标的空间关系示意图

① 云台俯仰角和偏航角设定。云台因型号不同，可供调整的俯仰角和偏航角也不相同。多数专业级云台的俯仰角在 +30°～ –120°之间，大于 0°为仰视角度，小于 0°为俯视角度。偏航角也称水平转向，在 320°左右。在两个航点分别设置不同的俯仰角或偏航角，从前一个航点开始录制视频，到下一个航点停止录制，此段视频中的云台角度变化是渐渐过渡完成的。以沿公路飞行拍摄一段视频为例，第一个航点开启录制视频，云台俯仰角设定为 –90°；飞行 100m 后到第二个航点停止录制视频，云台俯仰角设定为 0°。回放拍摄的视频画面，会看到镜头从正扣俯瞰开始拍摄，从第一个航点飞向第二个航点过程中镜头渐渐抬起，当镜头朝向前方时结束。

② 镜头焦距变化设定。许多专业级云台相机可安装变焦镜头，变焦范围较大的等效焦距为 30 ～ 500mm。利用镜头变焦范围大的优势，在同一航点、航线位置上，可以拍摄到不同景别的影像。如无人机飞行到某个航点，先用广角端拍摄照片或视频，再用长焦端拍摄照片或视频。这种变换景别成组的拍摄，既能拍到全局环境，又看清了主体细节，可提高无人机拍摄效率。在隐蔽侦察、高压线路检查、火灾现场等有些无人机不能抵近拍摄的环境下，利用变焦镜头的长焦端远距离拍摄较为实用。

③ 拍照、录视频开启与关闭。照片和视频的拍摄可以依照航线设置，也可以依照每个航点设置。航线经过航点的方式有几种：一是协调转弯，不过航点提前转变航向；二是直线飞行，无人机飞到航点时悬停；三是曲线飞行，无人机飞到航点时不停。这些过航点的方式如果能满足拍摄需要，则可以依照航线设置拍摄动作。如果拍摄动作比较复杂，既要拍照片又要录视频，云台和焦距也需要变化，可依照每个航点设置拍摄动作。无人机拍摄的目的是拍摄，航线、航点的规划设置应围绕拍摄需要而进行，满足拍摄动作需要是设置原则。

无人机在各航点的拍摄动作示意图如图 2.84 所示。

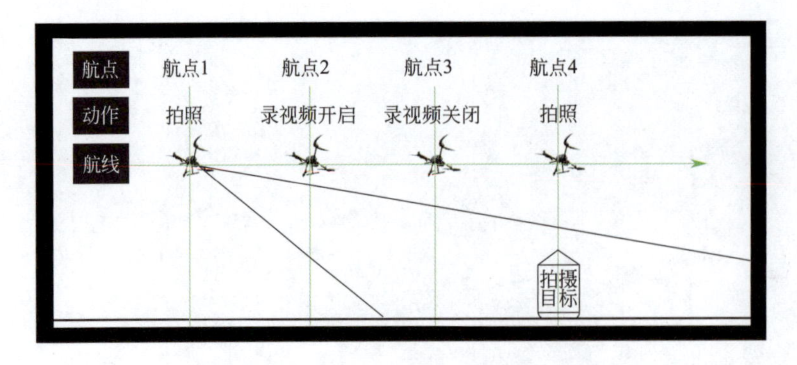

图 2.84 无人机在各航点的拍摄动作示意图

（3）利用光影

摄影是光影的运用。无人机拍摄在空中三轴 6 个自由度的运动优势，更有利于对自然光的运用。在规划航线时，应根据阳光的变化规律加以利用。

① 用好顺光。顺着阳光照射的方向拍摄可称为顺光拍摄。利用顺光可细腻、真实地再现景物的颜色和质感。如拍摄大面积的花海、草地、水面、沙漠、森林等。

② 用好侧光。与阳光照射的方向有一定夹角拍摄可称为侧光拍摄。夹角小可称为小侧光；夹角大可称为大侧光，如接近 90° 的侧光。利用侧光形成的明暗光影，可突出景物的立体感、层次感、纵深感和明暗对比度。如拍摄建筑、城市、河流、山峦、云海、海岸线等。

③ 用好逆光。迎着阳光照射的方向拍摄可称为逆光拍摄。垂直向下对着水面反射上来的阳光拍摄也属于逆光拍摄。利用逆光可使叶子类景物拍得光线通透、色彩艳丽，可用强光勾勒出被拍摄主体的边缘，使其与背景切开。利用逆光可以淡化暗部影像层次，简化构图，剪影表达，将视线引导向光源方向。

以日出为目标的无人机拍摄如图 2.85 所示。

图 2.85 以日出为目标的无人机拍摄

考核

(1)笔试考核(5min)

在规定时间内完成以下 3 道问答题。

① 航点与视点有什么关系?

② 航点设置主要涉及哪些项目?

③ 视点与视野有什么关系?

(2)实践考核(10min)

分小组在规定时间内,使用地面站完成三种题型航线的规划与上传。

① 准备器材。地面站、无人机。

② 进行分组。3 人为 1 组,2 人进行实践操作,1 人进行作业记录。

③ 考核要求。按流程进行操作,在规定时间内完成指定题型航线的规划和上传,记录遇到的问题和解决方法。

(3)课后要求

以小组为单位,设想不同类型的航线,熟练掌握航线规划方法。

2.3 任务执行

知识

2.3.1 视距内

视距内(visual line of sight),指无人机在操纵员与之保持直接目视视觉接触的范围内,且该范围水平半径不大于 500m,航空器相对高度不高于 120m。使用地面站执行无人机拍摄任务时,调试无人机和任务载荷多数情况下需要在视距内进行。使用地面站执行无人机返航降落时,临近降落场地上空后,为防止有人员、车辆或动物突然闯入,确保安全,应将地面站自动控制降落改为手持遥控器目视操作。

2.3.2 超视距

超视距(beyond visual line of sight),指无人机在视距内范围以外。使用地面站执行无人机拍摄任务时,多数情况下是超出水平半径 500m 或超出相对高度 120m。但有时无人机飞行的水平半径和相对高度虽然没有超出 500m 远和 120m 高,拍摄方法是依靠地面站的航线规划控制飞行和拍摄动作，操作人员可以不观察和操作无人机和任务载荷，此类拍摄仍属于超视距拍摄。

2.3.3 扩展视距

扩展视距（extended VLOS，EVLOS），指无人机在目视视距以外运行，但操纵员或者观测员借助视觉延展装置操作无人机，属于超视距运行的一种。方法是将无人机回传的镜头画面通过监视器展示给操控者，以便实时修改航点、航线和拍摄动作。

2.3.4 FPV 模式

FPV（first person view）模式，指无人机拍摄依据“第一人称主视角”进行操作。无人机拍摄有两种 FPV 模式：一是 FPV 作为拍摄镜头，看到的视野就是拍摄视野，如穿越机的拍摄画面；二是用 FPV 作为瞭望镜头，以提供飞行帮助为主，虽能拍摄画面，但不是主摄镜头，如飞手与云台手分工操作时，主摄镜头由云台手控制，飞手只能通过机头正前方的 FPV 镜头观察环境。

技能

2.3.5 起飞前检查

无人机拍摄起飞前，应当做好安全检查。

（1）确认空域安全

确认飞行航线不经过机场、油库、电站、车站、码头、监狱、政府办公区、军事管理区等禁飞区。确认本次拍摄已获得所在战区作战部门批复的拍摄许可和战区空管部门批复的空域许可，防止出现未经权威部门许可的违法违规飞行。确认已与当地公安部门沟通，以避免虽然有相关审批手续，但是因为沟通不到位，在拍摄中遭到意外反制的问题发生。

可将无人机击落或捕获的无人机反制设备如图 2.86 所示。

（2）确认场地安全

无人机起降场地应当避开人群密集、车辆较多的广场或路口。起降点应有人看守或设立警戒线（图 2.87），防止有人靠近或无意闯入。无人机摆放位置应当平坦，上方无电线、拉线、树冠等明显的障碍物，附近无高大建筑、岩壁、塔架、无线电基站等潜在危险。预判返航路径，依据返航航线上的树木、建筑物、山头等的高度，设置无人机返航安全高度和避开障碍的飞行模式。在光线充足的情况下，可以让无人机自动选择返航路线。在光线不够充足的情况下，如早晚时段，无人机光学避障功能减弱，在自动选择返航路线上很容易与电线、树枝等细小的障碍物相撞。一般无人机遇到避障物时，选择以悬停等待的方式再作处理较为安全。因此，选择起降场地应充分考虑无人机返航时可能会遇到的问题。

图 2.86 可将无人机击落或捕获的无人机反制设备

图 2.87 在无人机起降场地周围设立警戒线起到警示作用

（3）确认设备正常

首先通过外观检查，排查在运输过程中出现的硬件物理损伤。除设备外观直接检查外，应通过地面站全面检查无人机和任务载荷状态。对无人机部分重点检查电池电量、电量报警条件、遥杆模式、飞行模式、限制高度、返航高度、失控动作、返航点、避障模式设置等。对任务载荷部分重点检查存储卡、预计拍摄次数和文件存储量等。凡是通过地面站发现有红色、橙黄或光标闪烁等灯光提示，都要认真排查原因，直到问题彻底解决，不能抱着侥幸心理勉强飞行。如图 2.88 所示，通过地面站检查发现 RTK 未开启和无 SD 卡等异常。

2.3.6 检查并上传航线

起飞前，应结合起降场地、天气变化等现场实际情况，对规划好的航点、航线和拍摄动作再检查一遍，避免因规划不周遗留安全隐患。此时地面站界面如果出现任何异常提示，一定要认真查找原因，妥善解决后再执行“上传航线”命令，如图 2.89 所示。

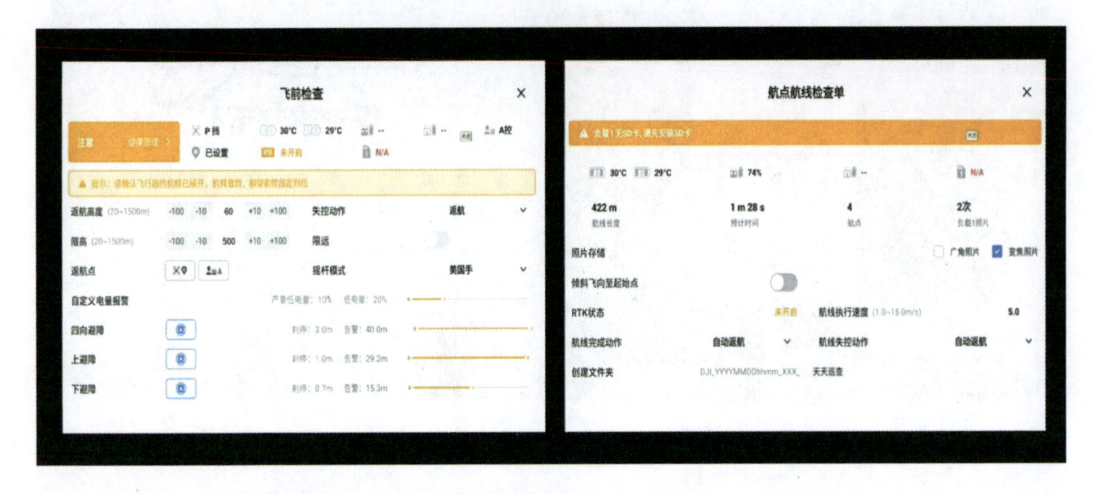

图 2.88　通过地面站检查发现 RTK 未开启和无 SD 卡等异常

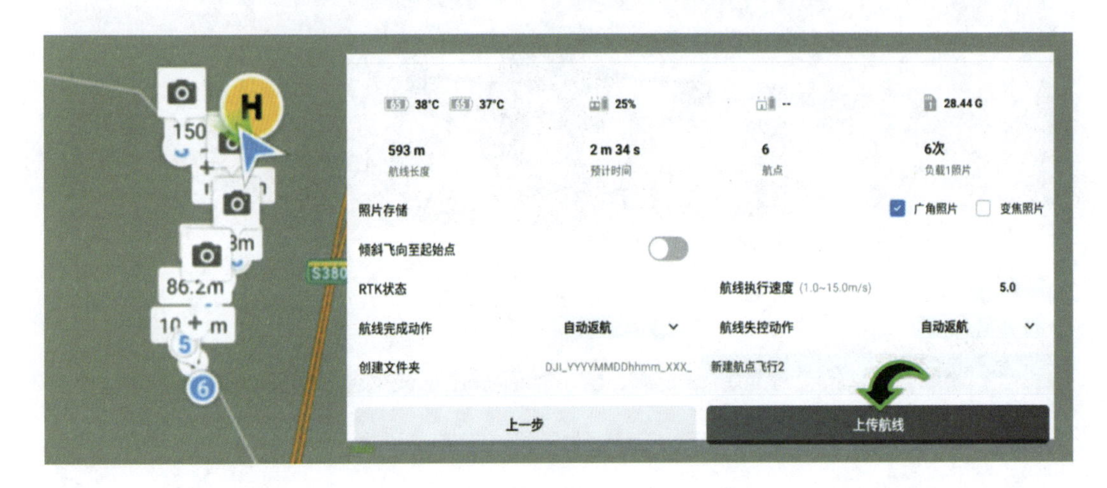

图 2.89　查检无误后点击“上传航线”按钮

2.3.7　执行或调整航线

执行“上传航线”命令后，无人机进入起飞等待状态。点击“开始执行”按钮，即可起飞，如图 2.90 所示。起飞过程中，可将 FPV 镜头作为主监视画面，以便从无人机前方的广角视野观察周围环境。无人机到达航点 1 之后，开始执行拍摄动作。这时可将主摄镜头作为主监视画面，以便实时了解实际轴向、景别、构图、光线等拍摄效果。正常情况下，从起飞点到各个航点，直到返航降落，无人机均由地面站控制，按规划好的航点、航线和拍摄动作自动执行，不需要人工干预。如果遇到需要调整航点、航线和拍摄动作的情况，可将地面站界面作为主监视画面，以便对航点、航线和拍摄动作进行修改操作。修改操作时，可执行航线暂停命令，待修改完成后再继续执行航线。

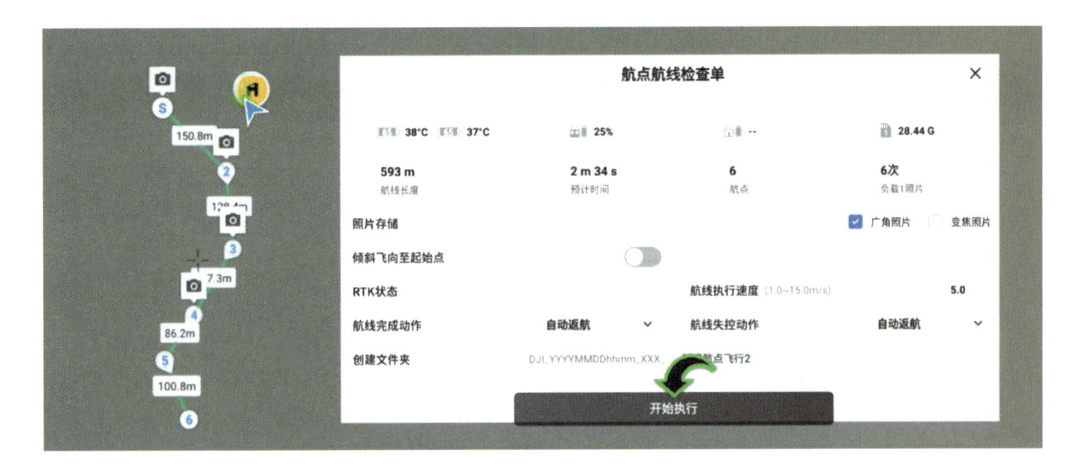

图 2.90　点击“开始执行”按钮后自动起飞

2.3.8　返航降落

无人机拍摄任务结束后，多采用“自动返航”命令，即无人机自动返航到起降点上方后自动降落。也可采用“返回航线起始点悬停”命令，为观察地面是否适合降落留出操作余地。为安全起见，降落过程应转为遥控器手动控制降落。如果原返回航线上突然出现无人机、风筝、气球等影响安全飞行的情况，应及时调整返航路径，另辟安全的航路返航。如果电池的电量不能维持无人机返回到原起降点，应去备降场地降落。如果电池的电量不能维持无人机到达备降场地，则就近选择能够安全降落并能派人及时将无人机取回的位置，执行“原地降落”命令。执行此命令时，应当通过 FPV 镜头和主摄镜头仔细观察周围和下方的环境，掌握降落情况，如图 2.91 所示。

图 2.91　通过地面站屏显实时观察无人机降落状态

考核

（1）笔试考核（5min）

在规定时间内完成以下3道问答题。

① 地面站与无人机的链接部件是什么？

② 地面站超视距操控拍摄的主要难点是什么？

③ 无人机过航点时设协调转弯是为了什么效果？

（2）实践考核（10min）

分小组在规定时间和区域内，使用地面站完成指定航点、航线和拍摄动作的设置，上传并执行航线。

① 准备器材和场区。地面站、无人机、任务载荷、起降场地和飞行空域。

② 进行分组。3人为1组，2人进行实践操作，1人进行作业记录。

③ 考核要求。按流程进行操作，在规定时间内完成指定航点、航线和拍摄动作的设置，上传航线正常，执行航线稳妥。

（3）课后要求

以小组为单位，设想不同类型的超视距拍摄任务，综合拍摄轴向、景别和光线等因素，进行航点、航线和拍摄动作的设置。

任务模块 ❸

后续处理

 证书技能要求

职业技能等级标准描述中后续处理部分见下表。

工作任务	职业技能
数据编辑软件安装调试	① 能安装图像编辑常用软件 ② 能调试图像编辑常用软件 ③ 能安装视频编辑常用软件 ④ 能调试视频编辑常用软件
图像编辑	① 能识别与转换图像文件格式 ② 能对图片进行色调校正 ③ 能对图片的清晰度与对比度进行调整 ④ 能完成多张等差曝光亮度照片的包围曝光处理
视频编辑	① 能识别与转换视频文件格式 ② 能将视频文件导入常用剪辑软件 ③ 能完成视频片段的剪辑 ④ 能为视频增添配音配乐 ⑤ 能在视频中设置字幕

任务模块引入

无人机拍摄从准备到拍摄，再到拍摄后的各项后续处理工作，环环相扣，是一个整体。拍摄结束后，及时整理、存储、提交拍摄数据标志着拍摄任务的完成。如果具备了对拍摄素材的编辑能力，无人机拍摄就不停止在提交拍摄素材这个环节，零散的素材就有可能变成有主题、有故事的作品。本任务模块通过对拍摄素材格式、常用编辑软件等知识点的学习，引申到拍摄素材的整理、存储、提交和编辑等实际操作，系统性地锻炼学员在无人机拍摄后续处理阶段的技能。

 知识技能分解导引

任务模块	分类	结构	教学要点
后续处理	图像编辑	知识	快捷键 菜单栏 工具栏 图像 画布 图层
		技能	进入 PS 软件主界面 新建文件 打开文档 设置首选项 设置工作区 设置工作栏 常用工具

续表

任务模块	分类	结构	教学要点
后续处理	视频编辑	知识	工作区 面板 时长 像素长宽比 隔行扫描与逐行扫描 色彩深度
		技能	软件安装 新建或打开项目 设置首选项 新建序列 导入素材 常用剪辑工具 效果控件 控件效果

条件准备

安装 PS、PR 软件的计算机

携行地面站

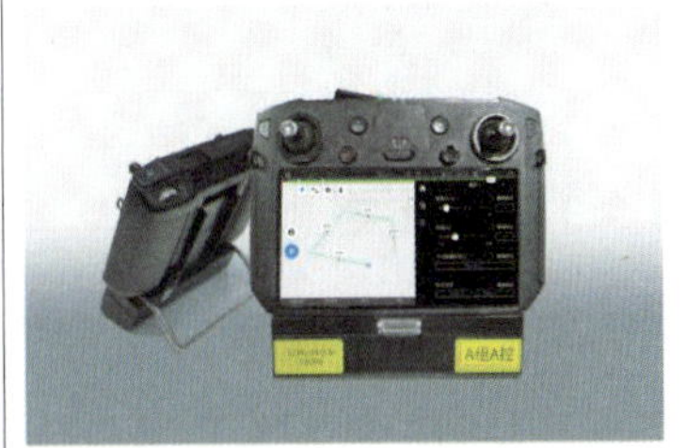

移动地面站

多翼型结合的无人机

多旋翼无人机

大疆经纬 300RTK 无人机

GoPro 具有增稳功能的相机

微单相机与如影云台的组合

大疆禅思 H20 系列云台相机

3.1 图像编辑

Photoshop 简写 PS，是由 Adobe 开发的一款图像处理软件。PS 软件主要处理以像素构成的数字图像，使用其众多的编辑与绘图工具，可以有效地进行图片编辑工作。无人机拍摄的图片如果需要进行裁剪、修补、调整亮度、调整对比度和调整色彩等后期处理，PS 软件就是比较好的选择。PS 软件版本较多，主要功能大同小异，基本能满足绝大多数图片后期处理的要求。选择 PS 软件版本时，除了考虑功能，还要考虑计算机配置环境。PS 软件版本越新，对配置环境要求越高。以 PC 为例，如 PS 2018 版本，要求使用 Windows 7（含）以上版本的操作系统；2GB（推荐使用 8 GB）内存；32 位安装需要 3GB 或更大可用硬盘空间，64 位安装需要 4GB 或更大可用硬盘空间。如果选择 PS 2021 版本，则要求操作系统是 Windows 10（1809）或更高版本；内存 2GB（推荐使用 8 GB）；硬盘 4GB 或更大。本书以普及度较高的 PC 和 PS 2021 版本为例讲解。

知识

3.1.1 快捷键

快捷键也称热键，指通过特定的按键、按键顺序或按键组合完成一项操作。快捷键可以代替鼠标的一些动作，节省一些功能面板占用的屏幕空间，有助于集中注意力，提高工作效率。以无人机拍摄为主要工作的人员，并非职业平面设计编辑人员，往往把图片后期编辑作为航拍的一种辅助手段，虽不需要掌握全部快捷方式，但应掌握常用的快捷键使用方法。下面介绍常用的快捷键。

① 新建：Ctrl+N。

② 打开：Ctrl+O。

③ 放大：Ctrl+ 加号。

④ 缩小：Ctrl+ 减号。

⑤ 恢复原始比例：Ctrl+1。

⑥ 填充前景色：Alt+Delete。

⑦ 填充背景色：Ctrl+Delete。

⑧ 交换前景背景色：X。

⑨ 恢复默认前景背景色：D。

⑩ 后退一步：Ctrl+Z。

⑪ 前进一步：Ctrl+Shift+Z。

⑫ 新建图层：Ctrl+Shift+Alt+N。

⑬ 弹出新建图层面板：Ctrl+Shift+N。

⑭ 复制选中的图层：Ctrl+J。

⑮ 删除选中的图层：Delete。

⑯ 复制：Ctrl+C。

⑰ 粘贴：Ctrl+V。

⑱ 取消选区：Ctrl+D。

⑲ 自由变换：Ctrl+T。

⑳ 保存：Ctrl+S。

㉑ 另存为：Ctrl+Shift+S。

3.1.2　菜单栏

PS 软件的菜单栏是软件主要的功能入口，位于屏幕窗口最顶部。从左向右依次显示为“文件（F）”“编辑（E）”“图像（I）”“图层（L）”“文字（Y）”“选择（S）”“滤镜（T）”“3D（D）”“视图（V）”“窗口（W）”和“帮助（H）”。进入菜单栏的某个选项有两种方法：第一种方法是快捷键进入，如进入“文件（F）”选项的快捷键是 Alt+F；第二种方法是用鼠标左键点击“文件（F）”选项进入。进入菜单栏选项后，均以下拉菜单形式呈现第二级功能选项。有的二级功能选项下还包含有第三级功能选项等，可以点击功能选项进入，如图 3.1 所示。

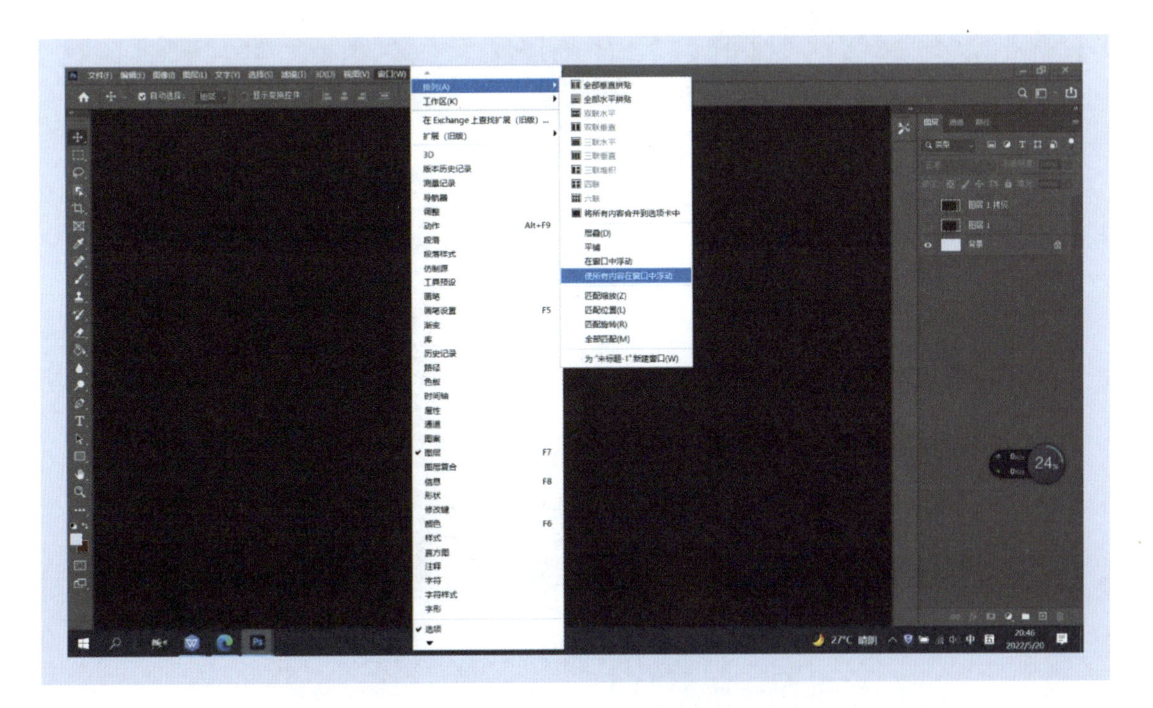

图 3.1　菜单栏“窗口（W）”下的功能扩展项

3.1.3 工具栏

PS 软件的工具栏是常用功能集合，主要包括移动工具（V）、矩形选框工具（M）、套索工具（L）、魔棒快速选择类型的工具、裁剪工具（C）、框选工具（K）、吸管工具（I）、污点修复画笔工具（J）、画笔工具（B）、仿制图章工具（S）、历史记录画笔工具（Y）、橡皮擦工具（E）、渐变工具（G）、模糊工具、减淡工具（O）、钢笔工具（P）、排版文字工具（T）、路径选择工具（A）、矩形工具（U）、抓手工具（H）、缩放工具（Z）、编辑工具栏、切换前景色和背景色（X）、设置前景色、以快速蒙版模式编辑（Q）、更改屏幕模式（F）等。

多数工具栏选项图标下还包括一些功能相近的工具。用鼠标左键点住图标右下角的位置，该图标下的全部工具就会被扩展显示出来。为方便个性化使用，在某个工具图标下保留哪些工具，可以通过“自定义工具栏”进行分类选择，即将常用的工具保留在该工具图标下，将不常用的工具拖拽到“附加工具栏”内靠后排列。通过不断优化调整“自定义工具栏”，可逐步使工具栏选项更贴近自己的使用习惯，避免不常用的工具栏选项添乱。

工具栏在屏幕窗口中的驻留显示位置可根据个人使用习惯自行设置。系统默认工具栏面板的驻留显示位置在屏幕窗口的左侧，垂直排列，如图 3.2 所示。其优点是调用方便，不易遮挡屏幕中间的编辑内容。

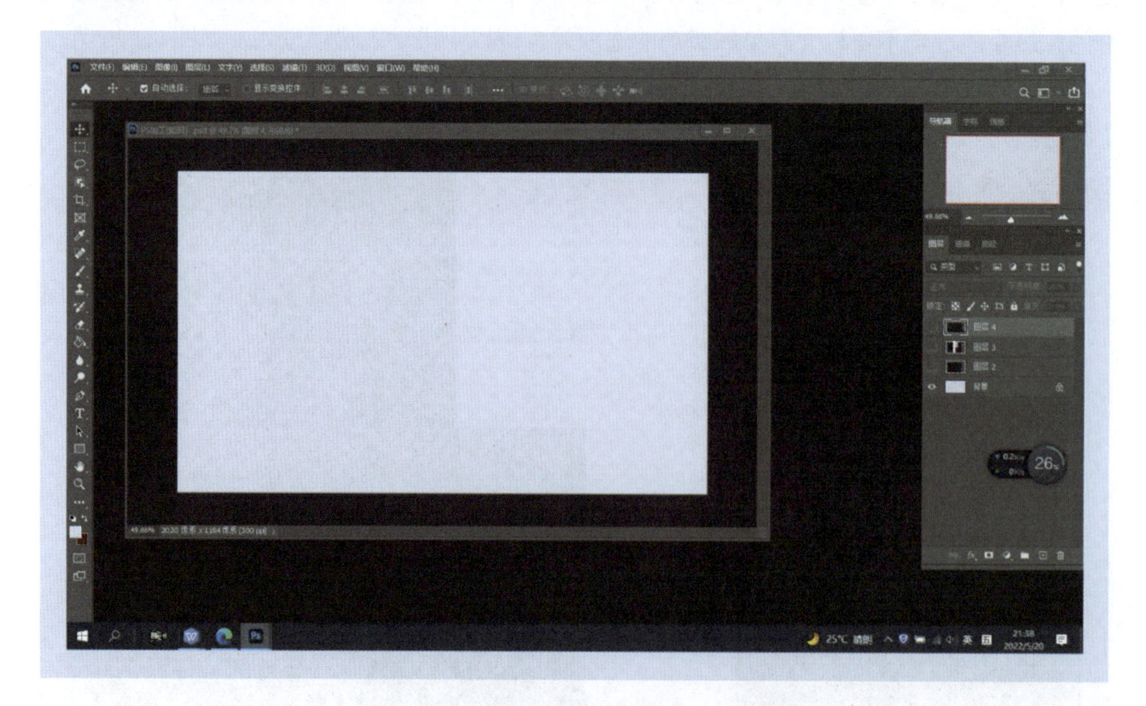

图 3.2　系统默认的工具栏驻留位置和排列形式

3.1.4　图像

PS 软件的图像是指数字技术生成的影像，如相机拍摄的数码照片或计算机绘制的数码图形等。图像是由像素构成的，1 英寸内有多少个像素点称为分辨率（PPI）。分辨率越高，像素就越小，图像越清晰。反之，分辨率越低，像素就越大，图像越模糊。

图像大小有两个概念：一是尺寸大小，反映的是照片或图形输出的实际大小；二是像素大小，代表了组成图像的像素的多少。

图像还包括色彩模式，常见的有灰度、RGB、CMYK 三种色彩模式，如图 3.3 所示。

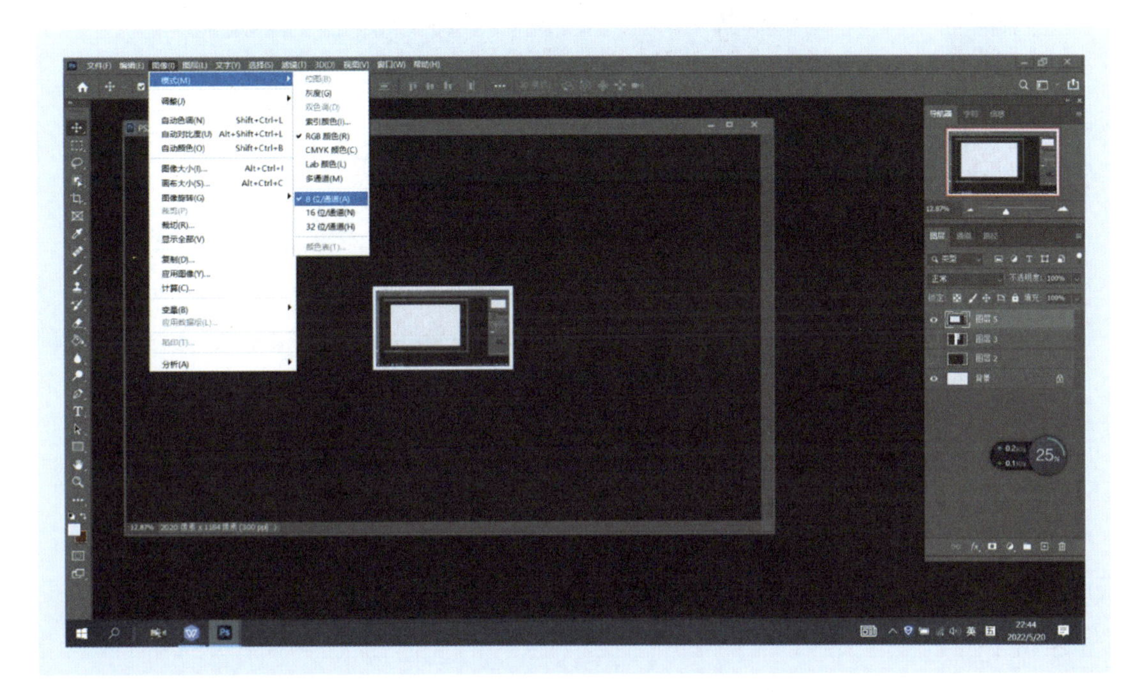

图 3.3　图像模式下的功能扩展显示

（1）灰度模式

灰度模式仅限于制作和处理黑白灰阶的图像。进一步细分，黑白图像分为以下两类。

① 位图。像素只有黑白两个色阶，每个像素在存储设备里只占 1 位（1bit）。

② 灰度图。图像就是通常看到的黑白照片效果。它最多能表达 256 个灰阶。每一个像素占的空间是一个字节，也就是 8 位。

（2）RGB 模式

RGB 模式主要用于电子显示设备输出的图像。

（3）CMYK 模式

CMYK 模式主要用于印刷输出。

3.1.5 画布

PS 软件的画布是指按照设计目标所需的尺寸、分辨率和色彩模式建立的作图区域，也称为背景图层。画布可以预设、新建，也可以随时调整。画布调整只是作图区域背景图层的变化，之前编辑的图层和图形文字等都不受影响。

画布的设置扩展显示如图 3.4 所示。

图 3.4 画布的设置扩展显示

3.1.6 图层

PS 软件中的图层是绘制图形和文字的载体。图层既可是独立的一层，也可以由多个图层叠加而成。对多个图层分层绘制，可保持每个图层上绘制内容的相对独立，需要修改或删除某一图层上的绘制内容时，其他图层上的绘制内容不会受到影响。图层的透明可叠加特性，为分层绘制、多图层叠加显示创造了条件。图层除了承载绘制内容的功能，还可作为间接修改下一图层的工具，即称为“调整图层”。具有调整功能的图层，记录的是对下一图层的修改命令，下一图层看似进行了修改，其实原有的绘制内容没有改变，相当于“隔空”操作出的“虚拟”效果。利用调整图层最大的优点是可以大胆修改、随时撤回。为避免图层过多，不方便查找，可以将已确定绘制内容的图层合并，也可以通过图层类型过滤器筛选出指定的图层类型。

通过图层面板查看所有类型的图层如图 3.5 所示。

图 3.5　通过图层面板查看所有类型的图层

技能

3.1.7　进入 PS 软件主界面

在安装有 PS 软件的计算机桌面上双击 PS 图标，经过欢迎界面短暂停留后，便进入软件主界面，如图 3.6 所示。屏幕上方是菜单栏，菜单栏下方是主页区。在主页区左侧有两个主

图 3.6　PS 软件主界面显示的内容

要功能按钮："新建"和"打开"。为方便"新建"和"打开"文件，屏幕中间是"最近使用项"列表。列表中显示了"名称""最近使用项""大小""类型"等文档信息。屏幕右侧还有供查找已使用文件的"筛选"输入口。

3.1.8　新建文件

点击"新建"按钮或按"Ctrl+N"快捷键，屏幕中间会弹出"新建"面板。在面板上方为菜单栏，从左向右依次排列着"最近使用项""已保存""照片""打印""图稿和插图""Web""移动设备""胶片和视频"8个选项，如图3.7所示。为方便快速建立文件，系统默认打开的是"最近使用项"，以便直接调用已有的文件作为模板。选中一个已用文件后，在面板右侧同时显示出该文件的"预设详细信息"，即文件名、宽度、高度、方向、分辨率、颜色模式、背景内容和高级选项等。根据需要对这些预设参数进行修改，然后点击下方的"创建"按钮完成新建。

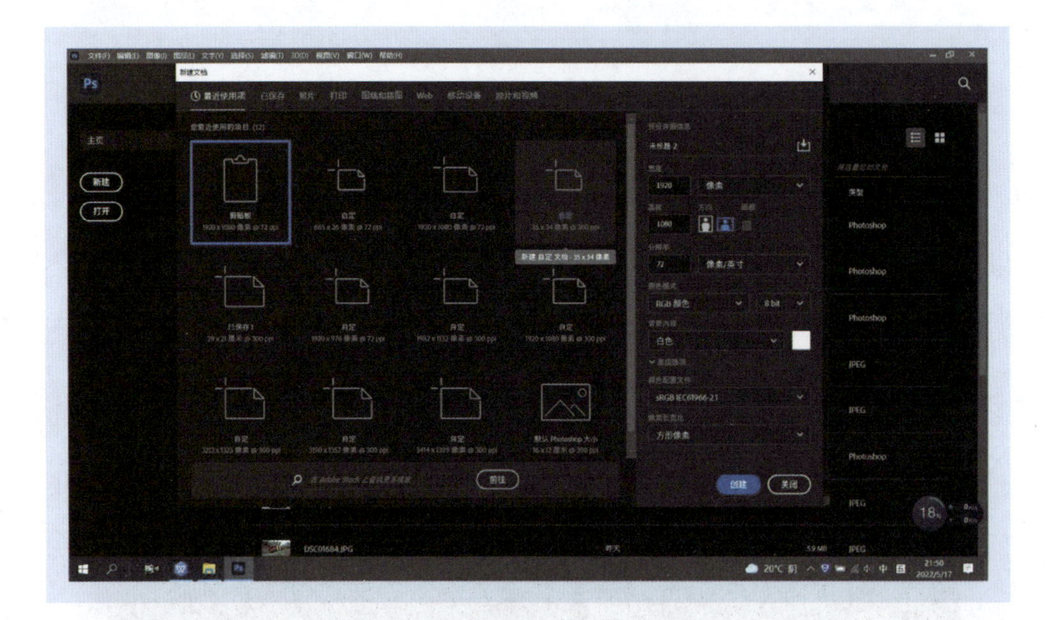

图3.7 "新建"面板显示的预设内容

如图3.8所示，在"预设详细信息"项中，"宽度"单位有"像素""英寸""厘米""毫米""点""派卡"等6种选择，用户可根据个人使用习惯选择。"方向"有竖向和横向两种版式选择，可根据需要在两者中切换。"分辨率"单位有"像素/英寸"和"像素/厘米"两种，可根据需要选择，图中屏幕显示分辨设置为72，单位设置为"像素/英寸"。"颜色模式"有"位图""灰度""RGB颜色""CMYK颜色""Lab颜色"5种选择，其后面跟有"1bit""8bit""16bit""32bit"4种选择。无特殊要求可设置为"RGB颜色""8bit"。"背景内容"有"白色""黑色”“背景色”“透明”和“自定义”5 种选择，可根据需要选择。“高级选项”项目中，在无特殊要求的情况下，“颜色配置文件”可选择“sRGB IEC61966-2.1”，“像素长宽比”可选择“方形像素”。为方便以后的使用，可将预设另保存到“已保存”项下，需要时通过菜单栏进入“已保存”项，直接调用该文档作为模板。

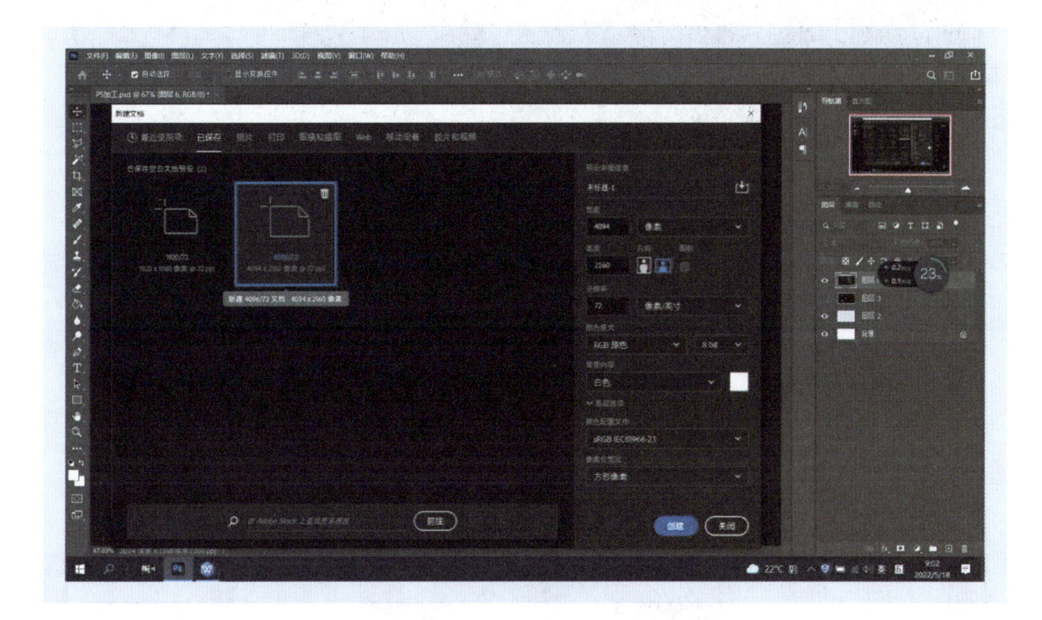

图 3.8　从“已保存”项下调用预设模板完成“创建”

通过屏幕上方的菜单栏，还可根据文档预设需要，选择“照片”“打印”“图稿和插图”“Web”“移动设备”“胶片和视频”等选项进行创建。套用这些模板时，如无特殊要求，预设可以默认。以创建一个 A4 纸竖版打印文档为例，第一步，用鼠标左键点击“打印”项，进入打印模板面板。第二步，用鼠标左键点中 A4 模板图标，在窗口右侧“预设详细信息”中查看设置是否符合要求，或在此进行修改，确认预设无误后点击“创建”按钮，如图 3.9 所示。

3.1.9　打开文档

在 PS 软件主界面，为方便快速打开文档，屏幕中间有“最近使用的项目”文档列表。用鼠标左键点击“最近使用的项目”列表中的文档名，该文档会被直接打开。已用过但没有显示在“最近使用的项目”列表中的文档，可以通过屏幕右侧的“筛选”工具查找打开，如图 3.10 所示。使用快捷键“Ctrl+O”，会弹出查找文档的路径选择窗口，然后找到想要打开的文档打开。

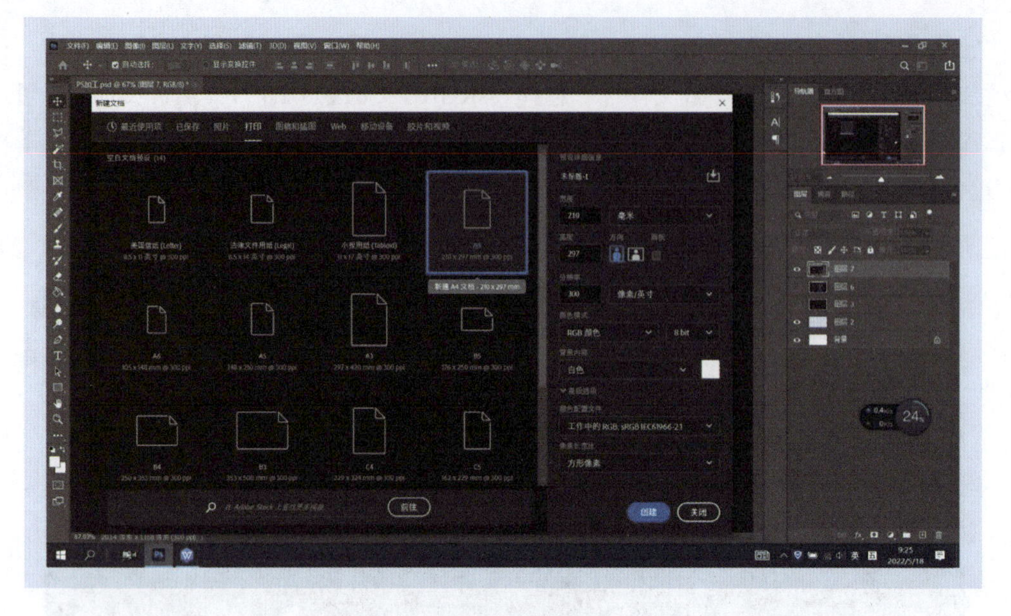

图 3.9　利用打印预设模板创建一个 A4 文档

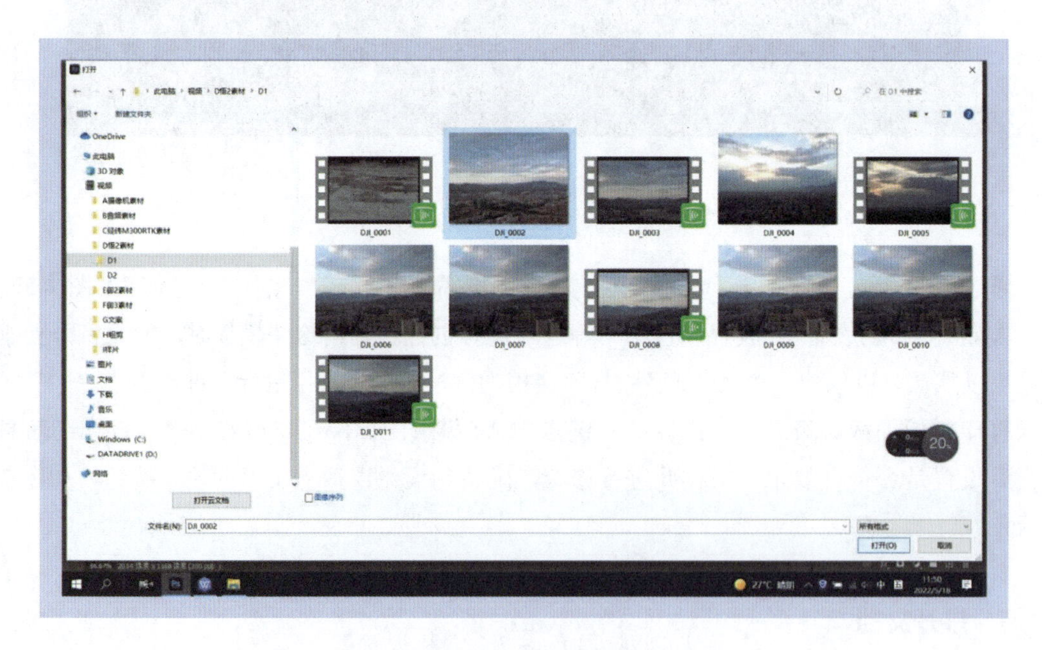

图 3.10　通过文件路径查找需要打开的文档

3.1.10　设置首选项

为方便软件的个性化操作，可通过“首选项”进行一些基础设置。首先，用鼠标左键在菜单栏点击“编辑（E）”，再点击“首选项（N）”，右侧扩展项会显示常规（G），界面（I），工作区（K），工具（O），历史记录（H），文件处理（F），导出，性能（E），暂存盘，光标（C），透明度与色域（T），单位与标尺（U），参考线、网格和切片（S），增效工具（P），文字（Y），3D（3），增强性控件，技术预览（J），Camera Raw（W）等可选择设置的首选项，如图 3.11 所示。

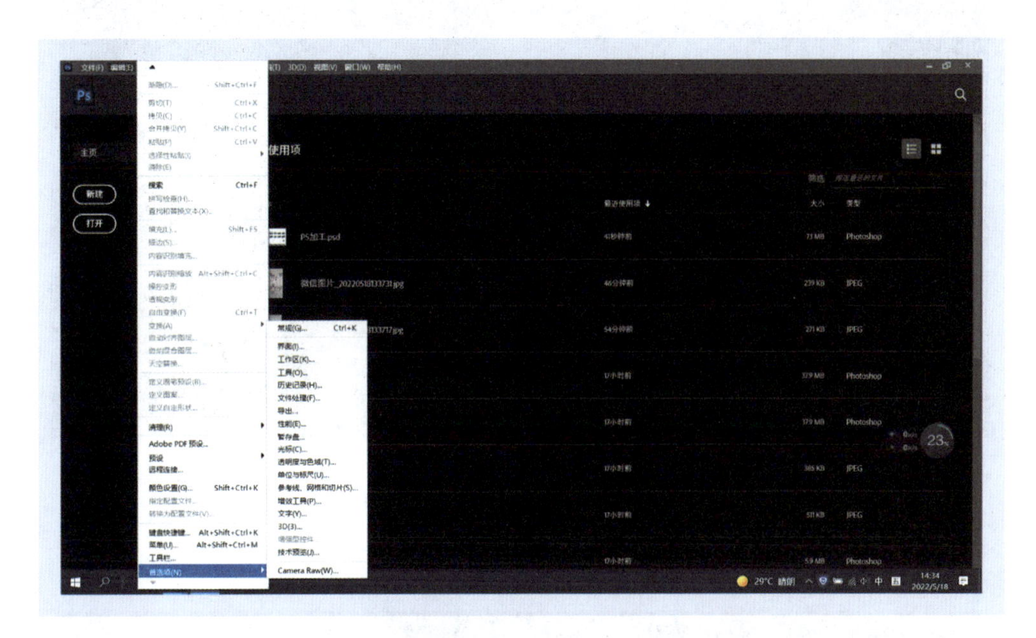

图 3.11　通过菜单栏找到“首选项”扩展目录

“首选项”是通用性较强的默认设置，若无特殊要求，建议使用系统默认设置。对有些个性化需求，可以修改设置。下面进行对“工具”和“性能”首选项部分设置的修改。

如图 3.12 所示，在“工具”选项面板中，建议改变两项默认勾选：一是“启用轻击平移（F）”，系统默认勾选（为防止一些无意动作导致图像乱移动，应当去除此勾选）；二是“用滚轮缩放（S）”，系统默认未勾选（为方便鼠标滚轮操作，可设为勾选）。除这两项外，其他项目无特殊要求，可选择已有的默认设置。

如图3.13所示，在“性能”选项面板中，建议修改三项默认设置：一是“内存使用情况”，应尽可能提供较多的内存供 PS 软件使用，以 32GB 内存的计算机为例，可让 PS 软件使用 70% 的内存；二是“图形处理器设置”，勾选“使用图形处理器（G）”，以保证文件渲染过程的流畅；三是“历史记录与高速缓存”，“历史记录状态（H）”可供选择的数字从 1 ～ 1000，数字越大可撤回的操作步骤就越多，但内存和硬盘的存储负担也会越重，当遇到大批量合成处理时有可能导致系统崩溃。因此，建议操作熟练的人员应尽可能地减少可撤回的操作步骤，如不超过 50 步；对于新手可适当加大可撤回的操作步骤，但不应超过 100 步。

3.1.11　设置工作区

为方便个性化工作，可以通过“新建工作区”（图 3.14），将常用功能面板放置在习惯的

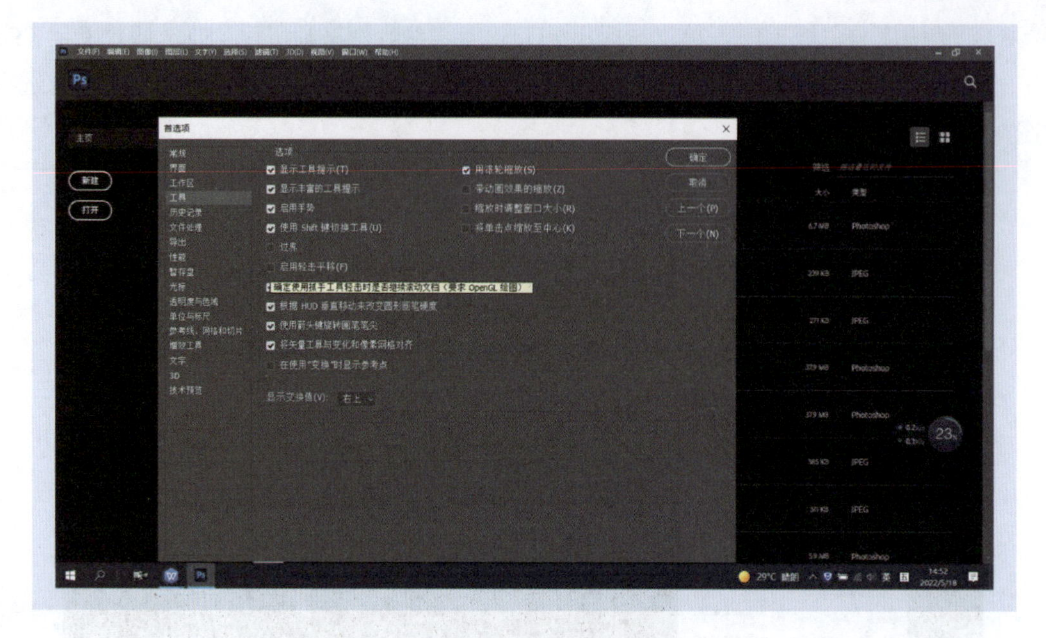

图 3.12　对“工具”首选项的修改

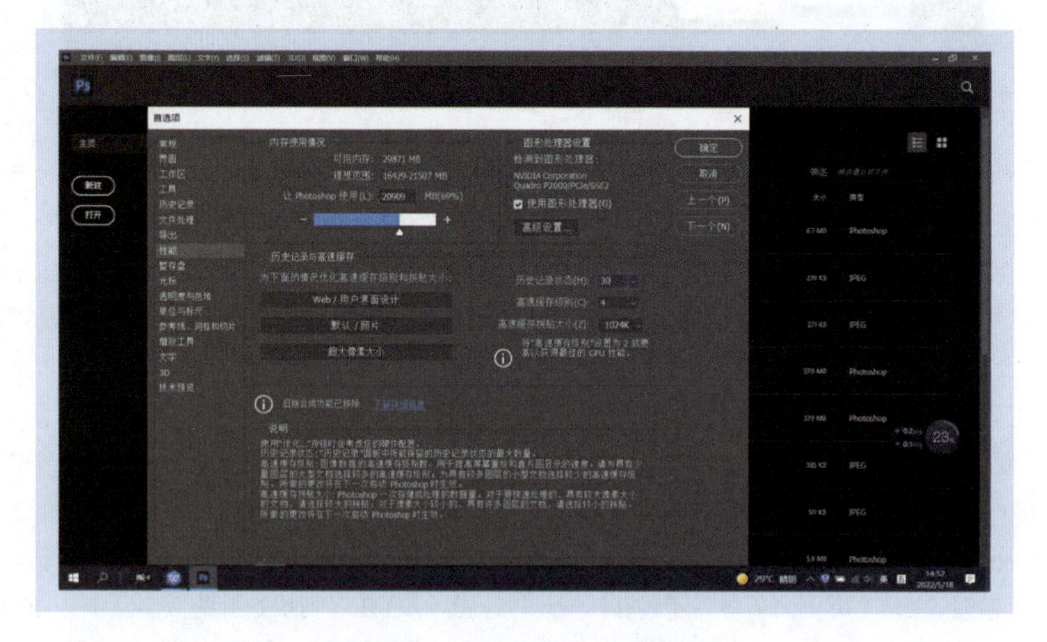

图 3.13　对“性能”首选项的修改

位置上，为该工作区命名保存，以供后续调用。以建立一个名称为“简约”的工作区为例，第一步，根据个性化需要，调整好布局。第二步，用鼠标左键点击菜单栏上的“窗口（W）”，再点击“工作区”，再点击“新建工作区”。第三步，在“新建工作区”设置窗口先输入一个自定义的文件名“简约”，再将“键盘快捷键”“菜单栏”和“工具栏”三个选项全部勾选，然后点击“存储”按钮。以后再进入“工作区”，自定义的“简约”工作区就会显示在扩展项的上方，方便直接调用。遇到工作区功能面板缺失或混乱时，利用自定义的工作区快速复位也比较方便。

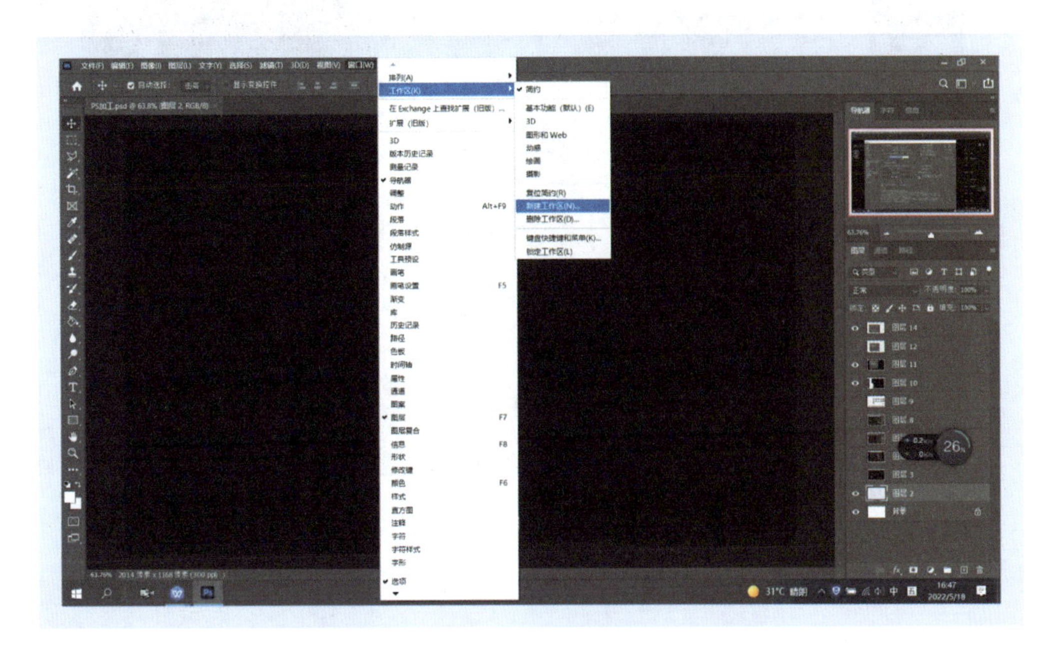

图 3.14　利用“新建工作区”功能自定义工作区

3.1.12　设置工具栏

系统默认的工具栏在工作区左侧竖向单列显示，可根据需要设置为双列显示，也可以拖拽到其他位置。如图 3.15 所示，工具栏默认项包括“移动工具（V）”“矩形选框工具（M）”“套索工具（L）”“魔棒快速选择类型的工具”“裁剪工具（C）”“框选工具（K）”“吸管工具（I）”“污点修复画笔工具（J）”“画笔工具（B）”“仿制图章工具（S）”“历史记录画笔工具（Y）”“橡皮擦工具（E）”“渐变工具（G）”“模糊工具”“减淡工具（O）”“钢笔工具（P）”“排版文字工具（T）”“路径选择工具（A）”“矩形工具（U）”“抓手工具（H）”“缩放工具（Z）”“编辑工具栏”“切换前景色和背景色（X）”“设置前景色”“以快速蒙版模式编辑（Q）”“更改屏幕模式（F）”等。

为方便个性化工作，可根据需要自定义工具栏的内容。方法一：点击工具栏中的“编辑工具栏”，进入“自定义工具栏”窗口。方法二：点击菜单栏中的“编辑”，再点击“工具栏”，进入“自定义工具栏”窗口。不论采取哪种方法，进入“自定义工具栏”窗口后，窗口左侧“工具栏”列出的是优先级别高的工具，系统默认全部工具。窗口右侧“附加工具”是从“工具栏”拖拽过来的非常用工具，也是优先级别低的工具。完成设置并重启后，“附加工具”

将排在“工具栏”靠后的位置。对于不用的工具可以清除，需要时再恢复。

图 3.15 “自定义工具栏”窗口

3.1.13 常用工具

工具栏中工具多、功能齐全，这样才能便于满足不同行业应用的需要。从无人机拍摄图像后期处理的需要出发，掌握一些常用的工具就能满足基本工作需要。因此，下面介绍几种常用的工具使用方法。

（1）移动工具（V）

移动选区或图层是图像编辑工作中频率最高的动作。因此，熟练使用“移动工具”，对提高工作效率十分重要。

以移动多个重叠图层中的某图层为例，第一步，将光标移到想要移动的图层上，按鼠标右键后，重叠着的图层名称就会自上而下显示出来，此时再将光标指向拟移动的图层名称，即完成了图层选择。第二步，用鼠标左键点住选中的图层拖拽一下，查看是否选对了图层。第三步，将选中的图层移动到需要的位置。

选择图层的另一种方法是：在“图层”面板中用鼠标左键点中想要移动的图层，再将光标移回到编辑窗口中进行图层的操作。若要查看“移动工具”的使用说明，可用鼠标左键轻点一下工具栏中的“移动工具（V）”，系统会弹出有关介绍信息，如图 3.16 所示。

（2）矩形选框工具（M）

裁剪图片或建立选区最常用的工具是“矩形选框工具”。用鼠标左键点住“矩形选框工具（M）”，右侧会显示“矩形选框工具”“椭圆选框工具”“单行选框工具”和“单列选框工

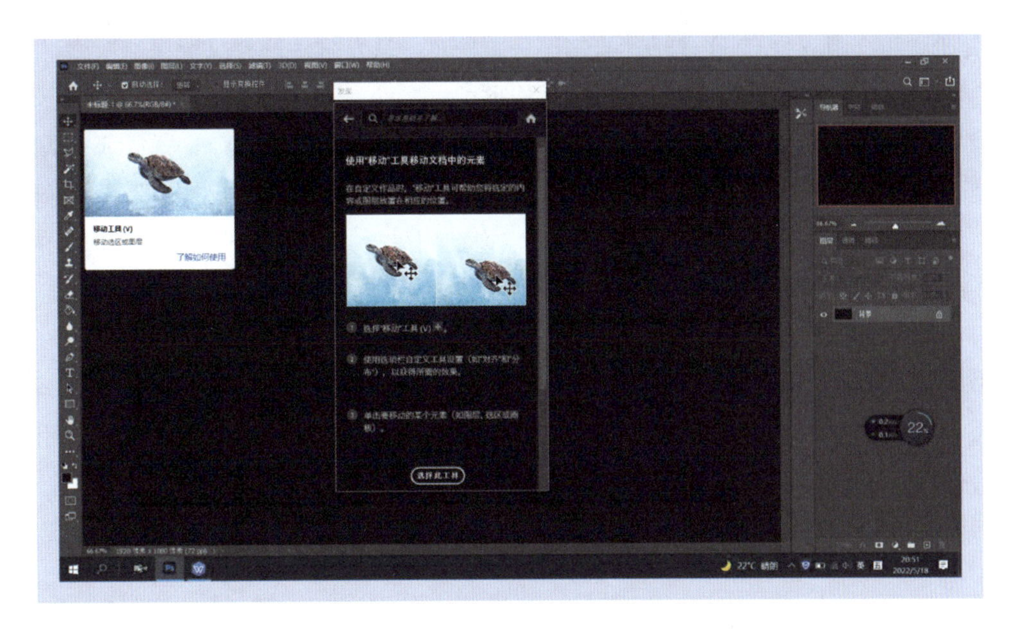

图 3.16　“移动工具（V）”使用说明

具”等扩展项。以“矩形选框工具”为例，基本画法是先用鼠标左键点住十字形光标在一处，按住鼠标左键不放向右下方拖动，便可出现一个矩形框，松开鼠标左键后矩形框画线完成。选择“椭圆选框工具”用以上画法可画出椭圆选框。选择“单行选框工具”用以上画法可画出一条横线。选择“单列选框工具”用以上画法可画出一条竖线。若要查看“矩形选框工具”的使用说明，可用鼠标左键轻点一下工具栏中的“矩形选框工具（M）”，系统会弹出相关介绍信息，如图 3.17 所示。

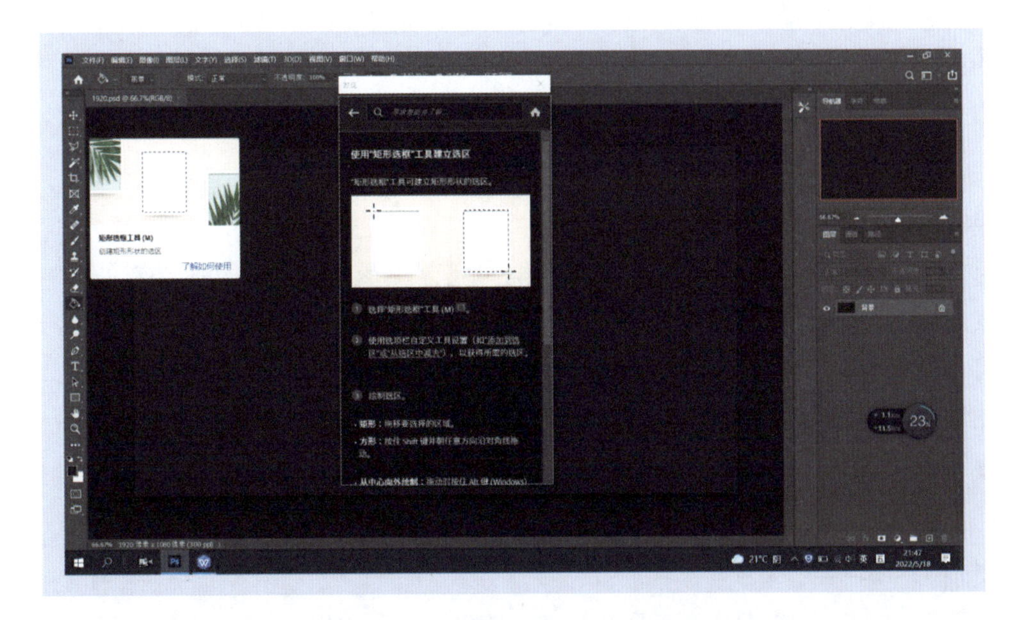

图 3.17　“矩形选框工具（M）”使用说明

“矩形选框工具（M）”在选项栏有多个设置选项，从左到右分别是“属性”“羽化”“消除锯齿”“样式”“宽度”和“高度”等设置选项。

①“属性”。选择“矩形选框工具（M）”后，在选项栏有4个属性设置选项，从左到右分别是“新选区”“添加到选区”“从选区减去”和“与选区交叉”。“新选区”是系统默认的属性。光标为十字形，从鼠标左键点住的一点拖动到另一点，即完成一个矩形选框的绘制。选中“添加到选区”属性后，光标为大十字右下方多了一个小加号，在前一个矩形选框绘制完成后，再拖出一个矩形选框，绘制结果是两个矩形选框的合成图形，即重叠相加的关系。选中“从选区减去”属性后，光标为大十字右下方多了一个小减号，在前一个矩形选框绘制完成后，再拖出一个矩形选框，绘制结果是两个矩形选框相减后的图形，即重叠相减的关系。选中“与选区交叉”属性后，光标为大十字右下方多了一个小X符号，在前一个矩形选框绘制完成后，再拖出一个矩形选框，绘制结果是两个矩形选框交集处的图形，即交集保留关系。

②“羽化”。选择“矩形选框工具（M）”后，在选项栏能看到“羽化”数值，默认是“0像素”，即绘制出的矩形框是实线。加大“羽化”像素值，矩形框就会加重边缘“羽化”效果。“羽化”像素值越大，矩形框边缘就越模糊。

③“消除锯齿”。在“矩形选框工具（M）”选项下选择“椭圆选框工具”时，在选项栏内的“消除锯齿”才会由虚变实，成为有效功能设置选项。勾选此项设置，会对椭圆边框起到消除锯齿、平滑边缘的效果。

④“样式”。默认是“正常”，点击展开后还有“固定比例”“固定大小”两个选择项。选择“正常”，光标可随意拖动，不受比例和大小限制。但按住“Shift”键之后拖动的矩形框，长宽比例就受到等比例约束。选择“固定比例”，光标将按照设定好的“宽度”和“高度”比例约束矩形框。如设“宽度”和“高度”比例为1∶1时，不论光标如何拖动，画出的都是正方形。如果选择“椭圆选框工具”，设“宽度”和“高度”比例为1∶1时，不论光标如何拖动，画出的都是圆形，而不是椭圆。

（3）套索工具（L）

用鼠标左键点住“套索工具（L）”，右侧会显示“套索工具”“多边形套索工具”和“磁性套索工具”等扩展项。选项栏中的属性选项、羽化参数、消除锯齿勾选项、调整边缘选项都可以根据需要设置。“磁性套索工具”除了以上选项外还有“宽度”“对比度”“频率”和“绘图板压力”等项目可根据需要设置。若要查看“套索工具（L）”的使用说明，可用鼠标左键轻点一下工具栏中的“套索工具（L）”，系统会弹出相关介绍信息，如图3.18所示。

（4）对象选择工具（W）

用鼠标左键点住“对象选择工具（W）”，右侧会显示“对象选择工具”“快速选择工具”

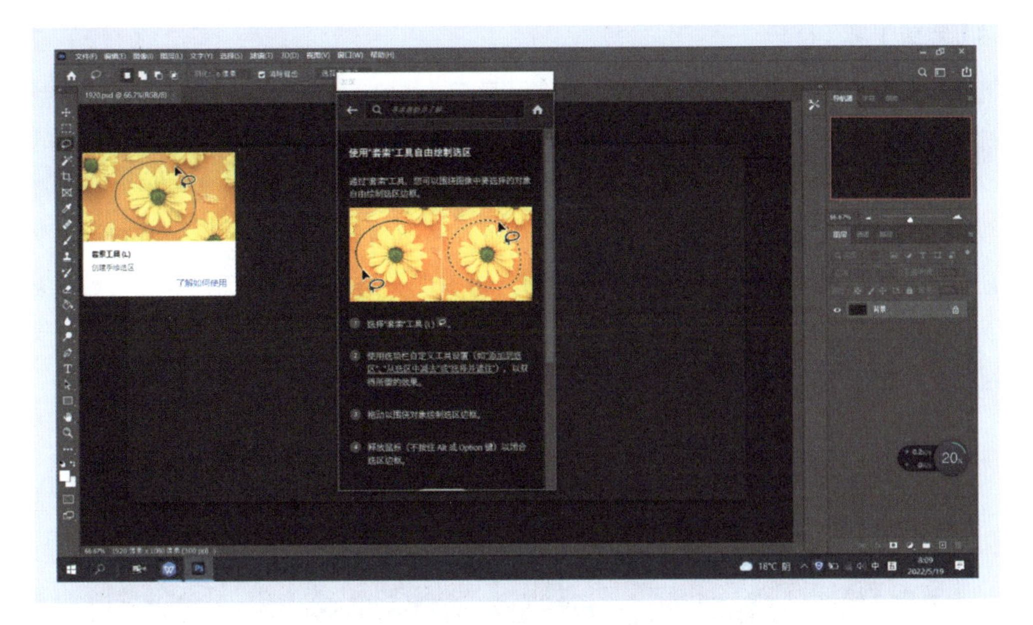

图 3.18　“套索工具（L）”使用说明

和“魔棒工具”的扩展项。使用“对象选择工具”，在选项栏左侧会列出“新选区”“添加到选区”“从选区减去”和“与选区交叉”4 个属性选项，属性右侧还有“模式”“对所有图层取样”“增强边缘”“减去对象”选项。若要查看“对象选择工具（W）”的使用说明，可用鼠标左键轻点一下工具栏中的“对象选择工具（W）”，系统会弹出相关介绍信息，如图 3.19 所示。

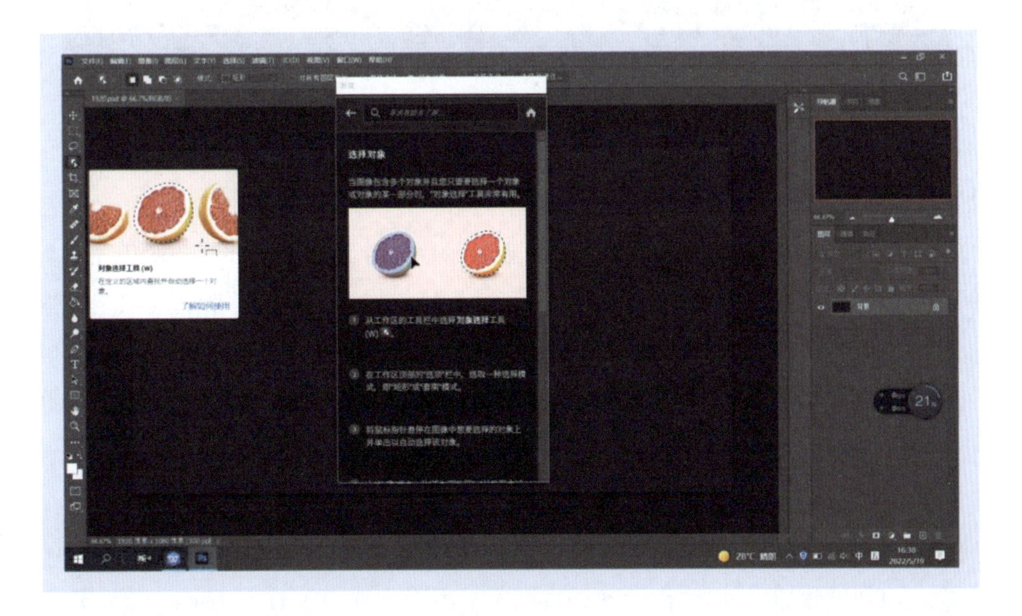

图 3.19　“对象选择工具（W）”使用说明

（5）裁剪工具（C）

用鼠标左键点住“裁剪工具（C）”，右侧会显示“裁剪工具”“透视裁剪工具”“切片工具”和“切片选择工具”4个扩展项。使用“裁剪工具”，在选项栏中有“比例选择”窗口，打开窗口可勾选“不受约束”或“原始比例”，以及“大小和分辨率”设置。在“视图”窗口内有多种参考线可供选择。裁剪范围由鼠标从一点拖动到另一点实现。“透视裁剪工具”与“裁剪工具”的不同点是将一个透视画面裁剪后可形成无透视感的平面。若要查看“裁剪工具（C）”的使用说明，可用鼠标左键轻点一下工具栏中的“裁剪工具（C）”，系统会弹出相关介绍信息，如图3.20所示。

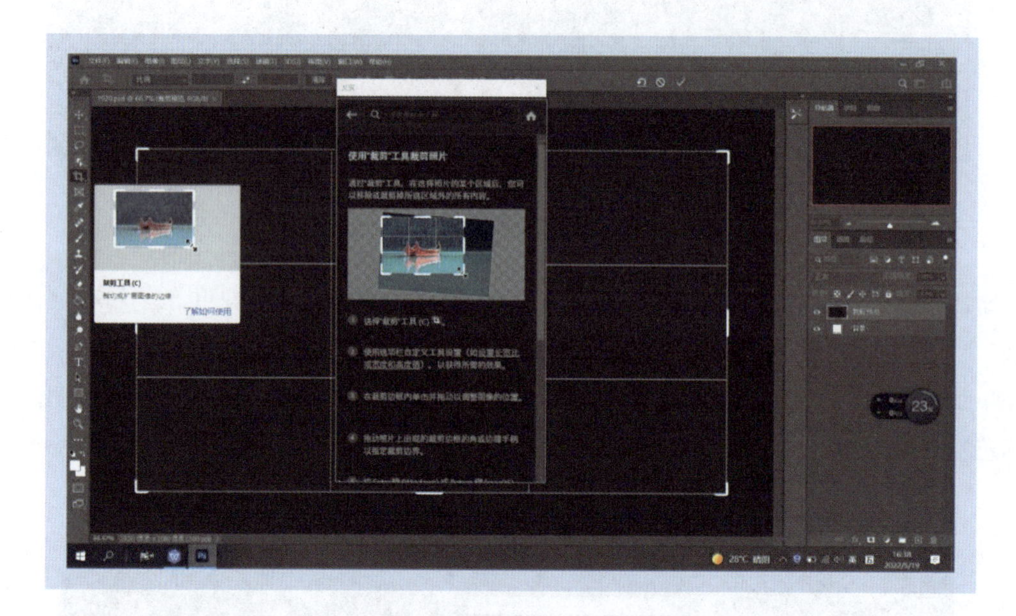

图3.20 “裁剪工具（C）”使用说明

（6）吸管工具（I）

用鼠标左键点住“吸管工具（I）”，右侧会显示“吸管工具”“3D材质吸管工具”“颜色取样器工具”“标尺工具”“注释工具”“计数工具”等扩展项。使用“吸管工具”，在选项栏会显示“取样大小”“样本”和“显示取样环”3个选项。若要查看“吸管工具（I）”的使用说明，可用鼠标左键轻点一下工具栏中的“吸管工具（I）”，系统会弹出相关介绍信息，如图3.21所示。

（7）污点修复画笔工具（J）

用鼠标左键点住“污点修复画笔工具（J）”，右侧会显示“污点修复画笔工具（J）”“修复画笔工具（J）”“修补工具”“内容感知移动工具”和“红眼工具”等扩展项。这些工具的修复原理基本上都是用修复目标周边的影像替换掉修复目标影像，尽可能让修复过的位置没

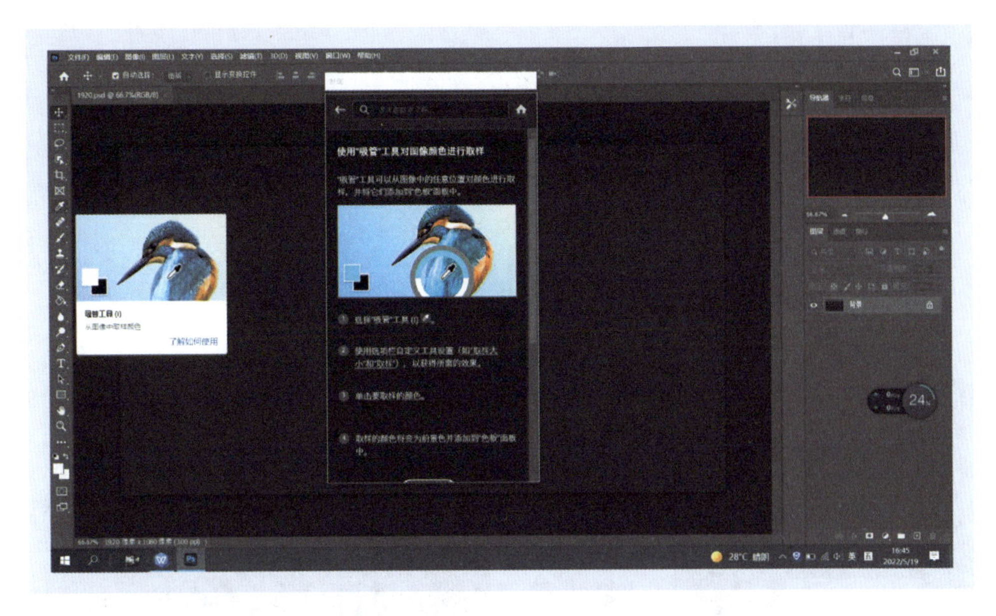

图 3.21　“吸管工具（I）”使用说明

有明显的修复痕迹。这些工具的区别是取样和替换的算法各有特色。以“污点修复画笔工具（J）”为例，第一步，找到图片上要修复的污点；第二步，根据污点大小点击选项栏的“画笔选取器”项，设置画笔大小、硬度、间距、角度、圆度等参数。大小以能遮盖住污点为好，小了需要多次点击修复，大了会影响周围影像；硬度在 20 ～ 50 为好，软了需要多次点击修复，硬了会有修复痕迹。若要查看“污点修复画笔工具（J）”的使用说明，可用鼠标左键轻点一下工具栏中的“污点修复画笔工具（J）”，系统会弹出相关介绍信息，如图 3.22 所示。

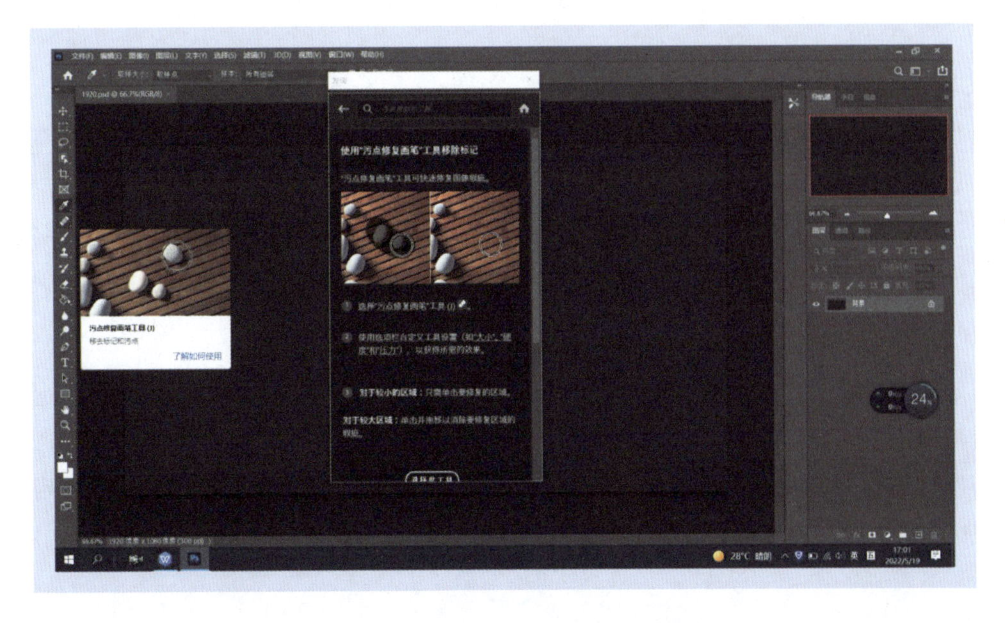

图 3.22　“污点修复画笔工具（J）”使用说明

（8）画笔工具（B）

用鼠标左键点住“画笔工具（B）”，右侧会显示“画笔工具”“铅笔工具”“颜色替换工具”“混合器画笔工具”等扩展项。“画笔工具”的大小、硬度、笔尖形状、模式、不透明度、流量等参数设置，可在选项栏找到相应的窗口。若要查看“画笔工具（B）”的使用说明，可用鼠标左键轻点一下工具栏中的“画笔工具（B）”，系统会弹出相关介绍信息，如图3.23所示。

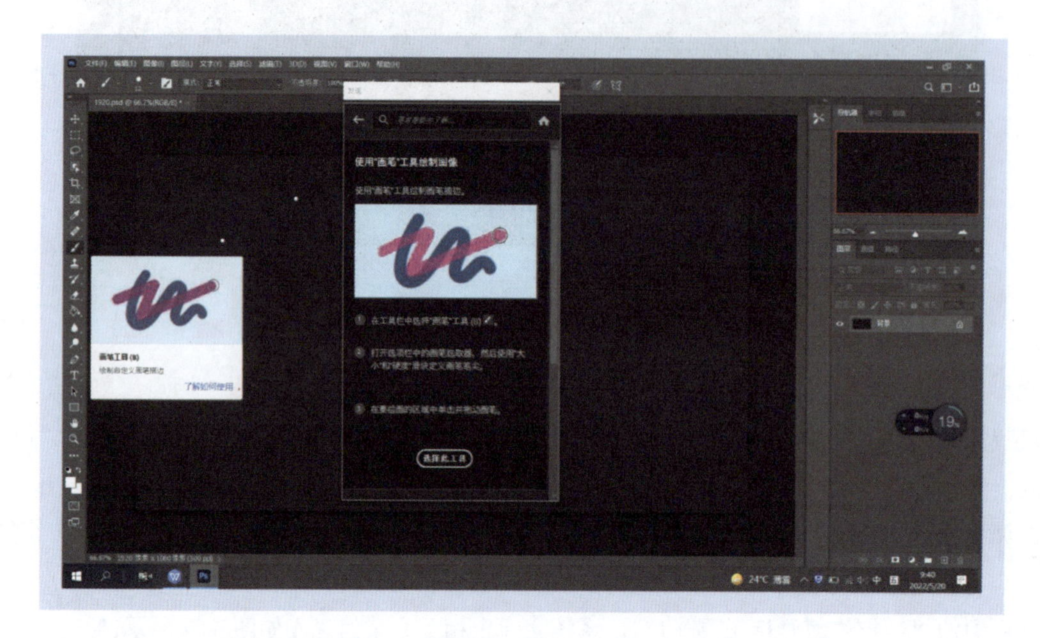

图3.23 “画笔工具（B）”使用说明

（9）仿制图章工具（S）

用鼠标左键点住“仿制图章工具（S）”，右侧会显示“仿制图章工具”和“图案图章工具”两个扩展项。“仿制图章工具”的大小、硬度、笔尖形状、模式、不透明度、流量等参数设置，可在选项栏找到相应的窗口。若要查看“仿制图章工具（S）”的使用说明，可用鼠标左键轻点一下工具栏中的“仿制图章工具（S）”，系统会弹出相关介绍信息，如图3.24所示。

（10）橡皮擦工具（E）

用鼠标左键点住“橡皮擦工具（E）”，右侧会显示“橡皮擦工具”“背景橡皮擦工具”和“魔术橡皮擦工具”等扩展项。“橡皮擦工具”的大小、硬度、笔尖形状、模式、不透明度、流量等参数设置，可在选项栏找到相应的窗口。若要查看“橡皮擦工具（E）”的使用说明，可用鼠标左键轻点一下工具栏中的“橡皮擦工具（E）”，系统会弹出相关介绍信息，如图3.25所示。

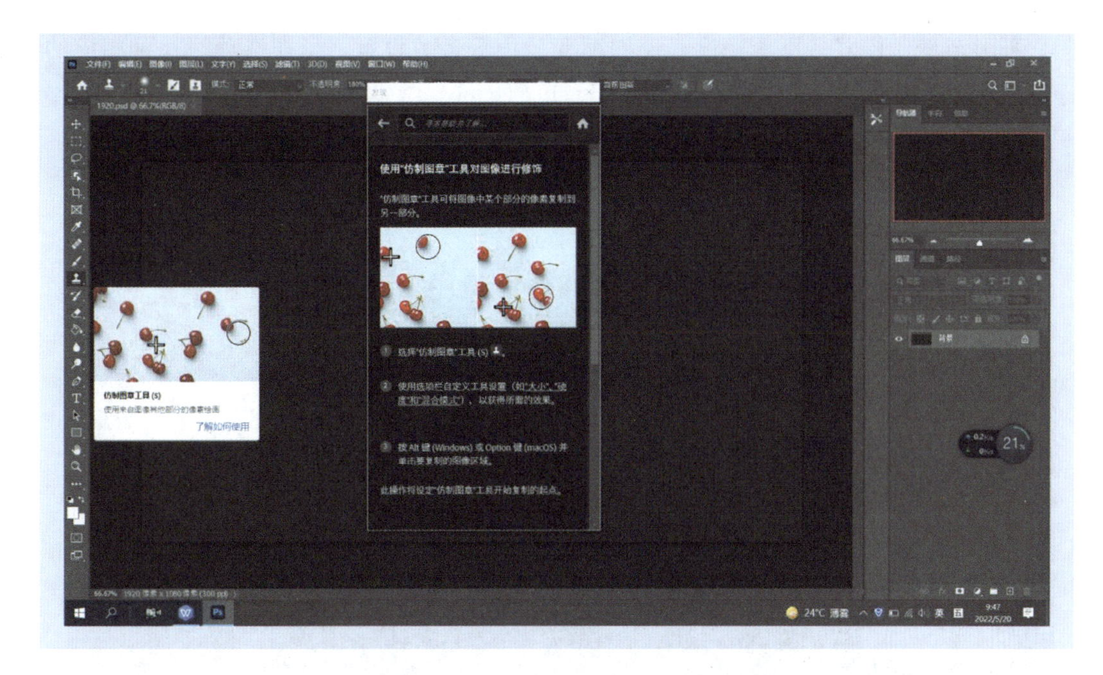

图 3.24 “仿制图章工具（S）”使用说明

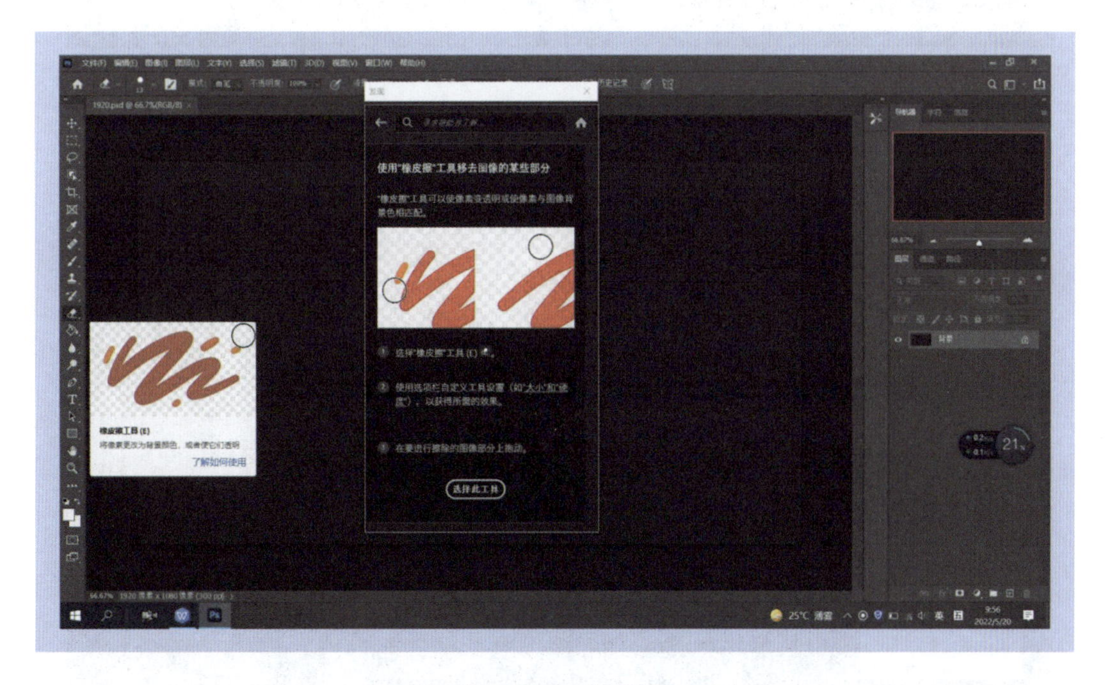

图 3.25 “橡皮擦工具（E）”使用说明

（11）渐变工具（G）

用鼠标左键点住“渐变工具（G）”，右侧会显示“渐变工具”“油漆桶工具”和“3D 材质拖放工具”等扩展项。“渐变工具”的编辑渐变、线性渐变、径向渐变、角度渐变、对称渐变、菱形渐变、模式、不透明度、反向渐变颜色等参数设置，可在选项栏找到相应的窗口。若要查看“渐变工具（G）”的使用说明，可用鼠标左键轻点一下工具栏中的“渐变工具（G）”，系统会弹出相关介绍信息，如图 3.26 所示。

图 3.26 “渐变工具（G）”使用说明

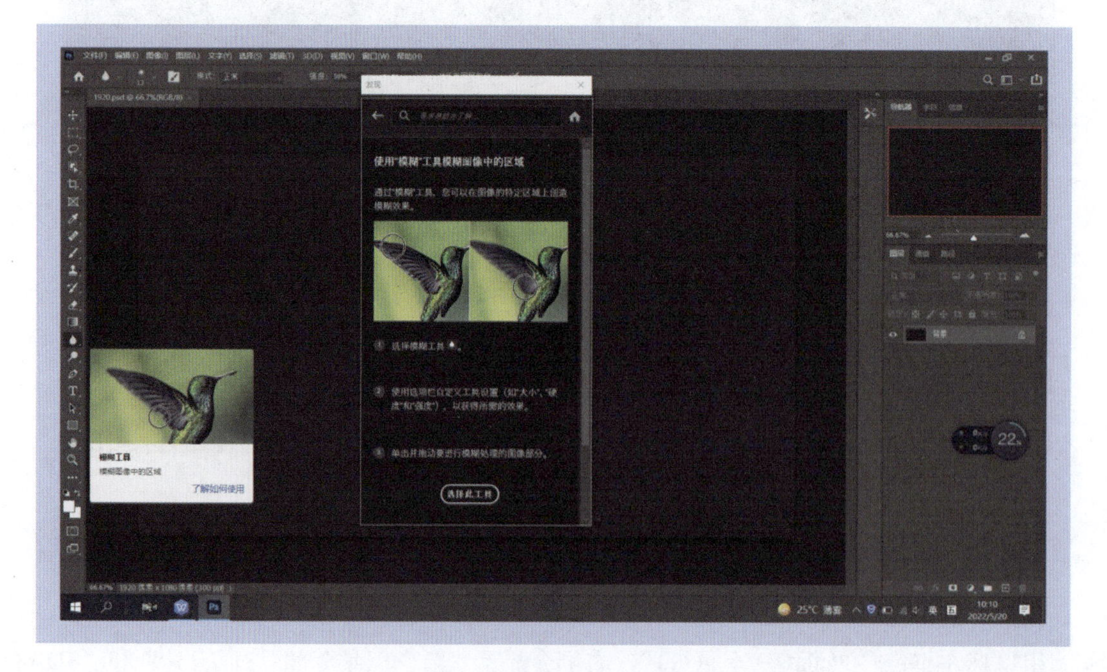

图 3.27 “模糊工具”使用说明

（12）模糊工具

用鼠标左键点住“模糊工具”，右侧会显示“模糊工具”“锐化工具”和“涂抹工具”等扩展项。“模糊工具”的大小、硬度、笔尖形状、模式、强度、画笔预设等参数设置，可在选项栏找到相应的窗口。若要查看“模糊工具”的使用说明，可用鼠标左键轻点一下工具栏中的“模糊工具”，系统会弹出相关介绍信息，如图 3.27 所示。

（13）减淡工具（O）

用鼠标左键点住“减淡工具（O）”，右侧会显示“减淡工具”“加深工具”和“海绵工具”等扩展项。“减淡工具”的大小、硬度、笔尖形状、范围、曝光度等参数设置，可在选项栏找到相应的窗口。若要查看“减淡工具（O）”的使用说明，可用鼠标左键轻点一下工具栏中的“减淡工具（O）”，系统会弹出相关介绍信息，如图 3.28 所示。

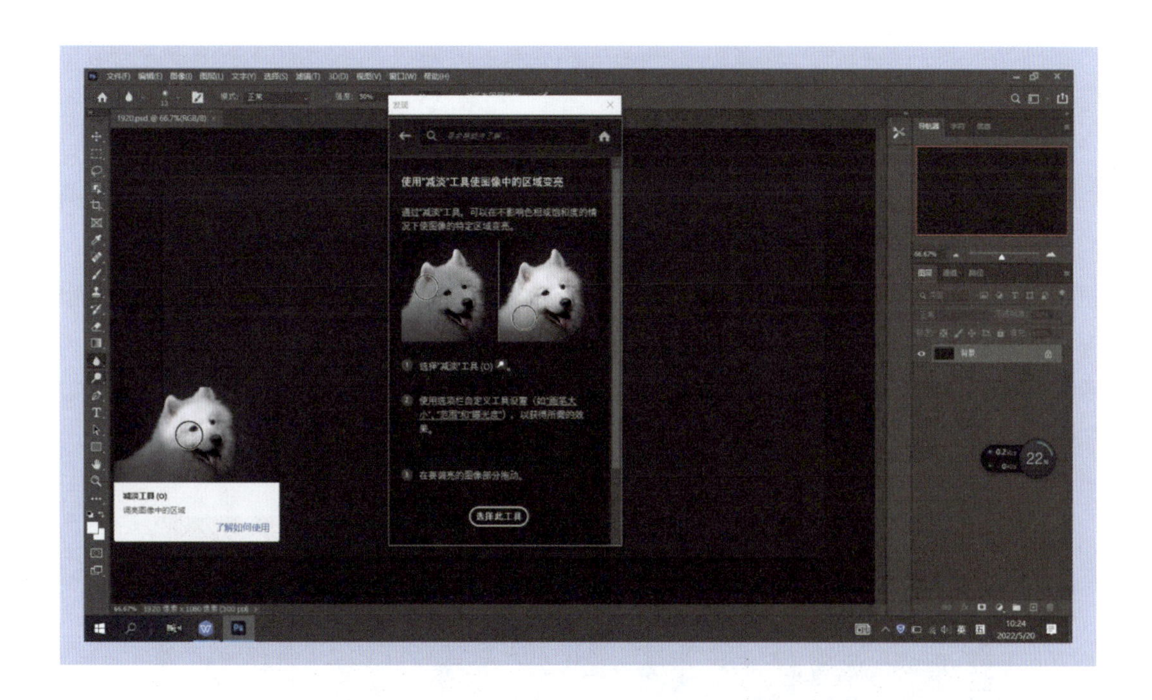

图 3.28 “减淡工具（O）”使用说明

（14）钢笔工具（P）

用鼠标左键点住“钢笔工具（P）”，右侧会显示“钢笔工具”“自由钢笔工具”“弯度钢笔工具”“添加锚点工具”“删除锚点工具”和“转换点工具”等扩展项。“钢笔工具”的形状、路径、像素、填充、描边等参数设置，可在选项栏找到相应的窗口。若要查看“钢笔工具（P）”的使用说明，可用鼠标左键轻点一下工具栏中的“钢笔工具（P）”，系统会弹出相关介绍信息，如图 3.29 所示。

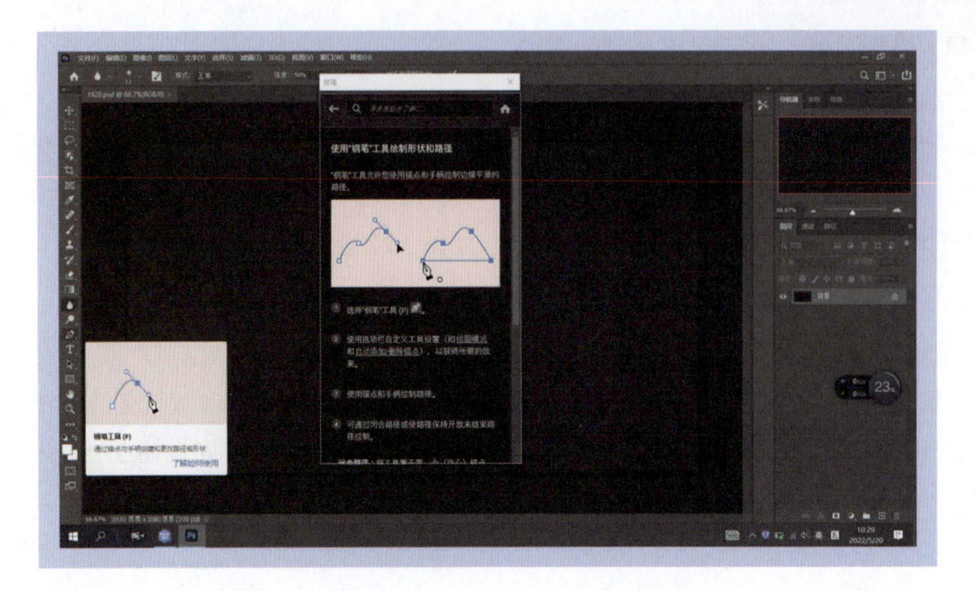

图 3.29 “钢笔工具（P）”使用说明

（15）排版文字工具（T）

用鼠标左键点住“排版文字工具（T）”，右侧会显示“横排文字工具”“竖排文字工具”“横排文字蒙版工具”“竖排文字蒙版工具”等扩展项。“排版文字工具”的字体、大小、消除锯齿、左对齐文本、居中对齐文本、右对齐文本、文本颜色、文字变形、字符和段落面板等参数设置，可在选项栏找到相应的窗口。若要查看“排版文字工具（T）”的使用说明，可用鼠标左键轻点一下工具栏中的“排版文字工具（T）”，系统会弹出相关介绍信息，如图 3.30 所示。

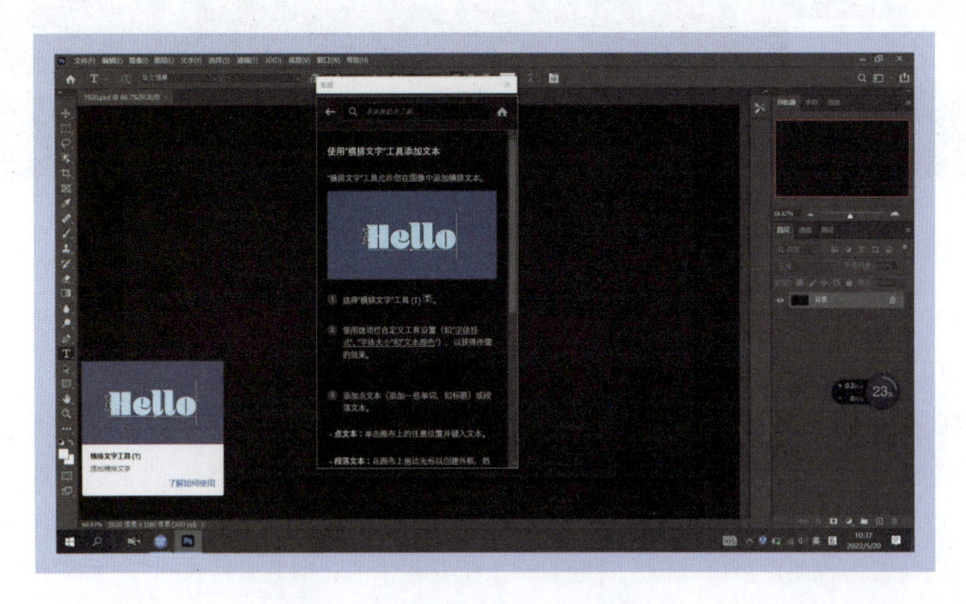

图 3.30 “排版文字工具（T）”使用说明

（16）路径选择工具（A）

用鼠标左键点住“路径选择工具（A）”，右侧会显示“路径选择工具”和“直接选择工具”两个扩展项。“路径选择工具”的图层选择、填充、描边、约束路径拖动等参数设置，可在选项栏找到相应的窗口。若要查看“路径选择工具（A）”的使用说明，可用鼠标左键轻点一下工具栏中的“路径选择工具（A）”，系统会弹出相关介绍信息，如图 3.31 所示。

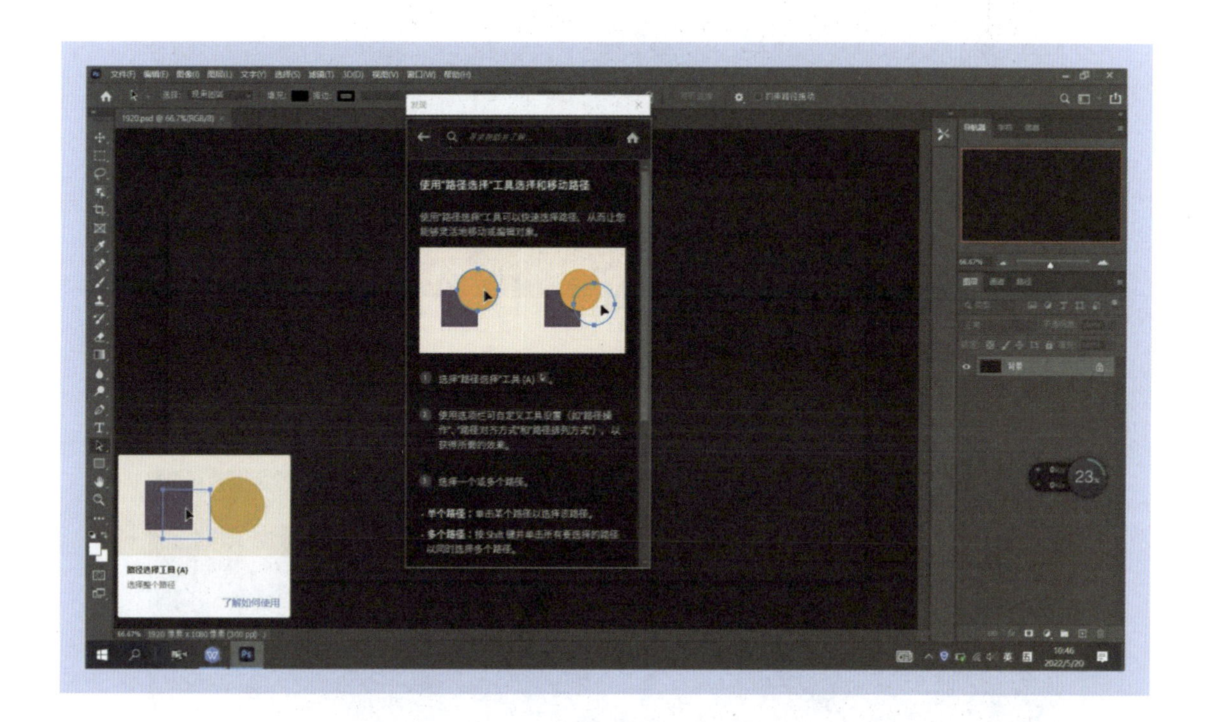

图 3.31　“路径选择工具（A）”使用说明

（17）矩形工具（U）

用鼠标左键点住“矩形工具（U）”，右侧会显示“矩形工具”“圆角矩形工具”“椭圆工具”“三角形工具”“多边形工具”“直线工具”和“自定形状工具”等扩展项。“矩形工具”的形状、路径、像素、填充、对齐边缘等参数设置，可在选项栏找到相应的窗口。若要查看“矩形工具（U）”的使用说明，可用鼠标左键轻点一下工具栏中的“矩形工具（U）”，系统会弹出相关介绍信息，如图 3.32 所示。

（18）抓手工具（H）

用鼠标左键点住“抓手工具（H）”，右侧会显示“抓手工具”和“旋转视图工具”两个扩展项。“抓手工具”的滚动所有窗口、屏幕填充比例等参数设置，可在选项栏找到相应的窗口。若要查看“抓手工具（H）”的使用说明，可用鼠标左键轻点一下工具栏中的“抓手工具（H）”，系统会弹出相关介绍信息，如图 3.33 所示。

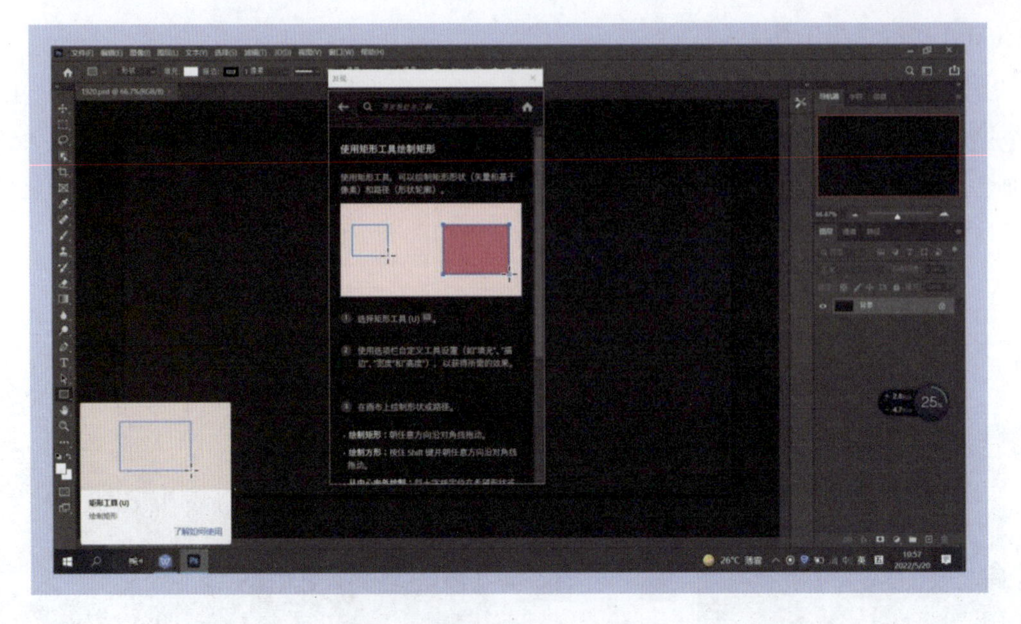

图 3.32 “矩形工具（U）”使用说明

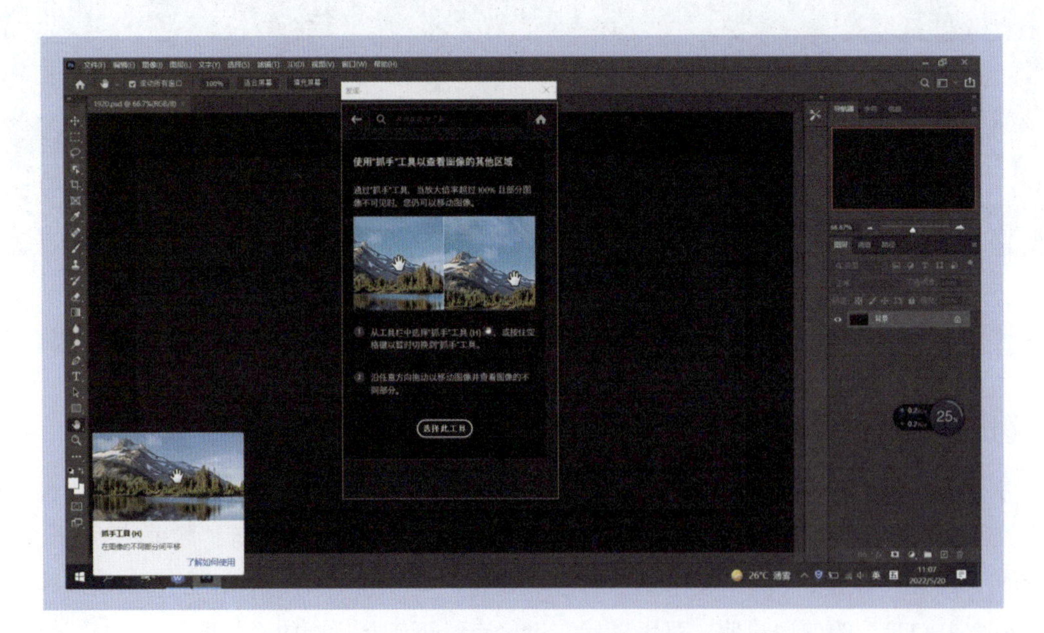

图 3.33 “抓手工具（H）”使用说明

(19) 缩放工具（Z）

本工具是独立工具，项下没有其他工具。“缩放工具（Z）”放大、缩小、调整窗口大小、缩放所有窗口、细微缩、屏幕填充比例等参数设置，可在选项栏找到相应的窗口。若要查看“缩放工具（Z）”的使用说明，可用鼠标左键轻点一下工具栏中的“缩放工具（Z）”，系统会弹出相关介绍信息，如图 3.34 所示。

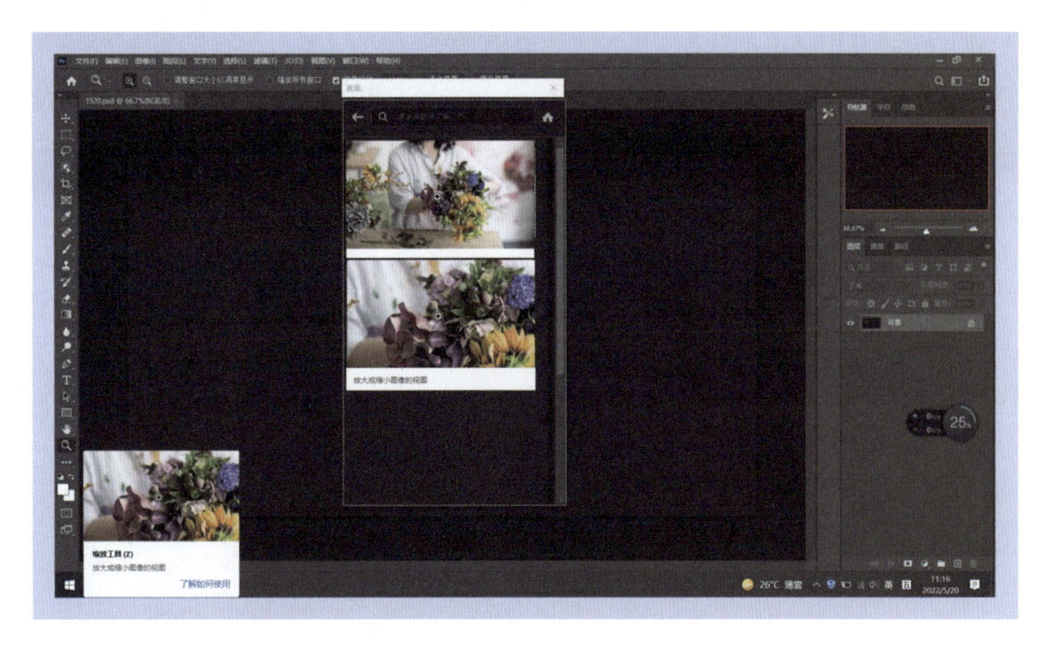

图 3.34　“缩放工具（Z）”使用说明

（20）图像调整

用鼠标左键点击菜单栏中的“图像（I）”，在下拉菜单中再点击“调整 (J)”，右侧会扩展显示与调整明暗色彩有关的 22 个选项。在这些丰富的选项中，比较常用的有“亮度 / 对比度（C）”“色阶（L）”“曲线（U）”“曝光度（E）”“自然饱和度（V）”“色相 / 饱和度（H）”“色彩平衡（B）”“黑白（K）”和“照片滤镜（F）”等，如图 3.35 所示。

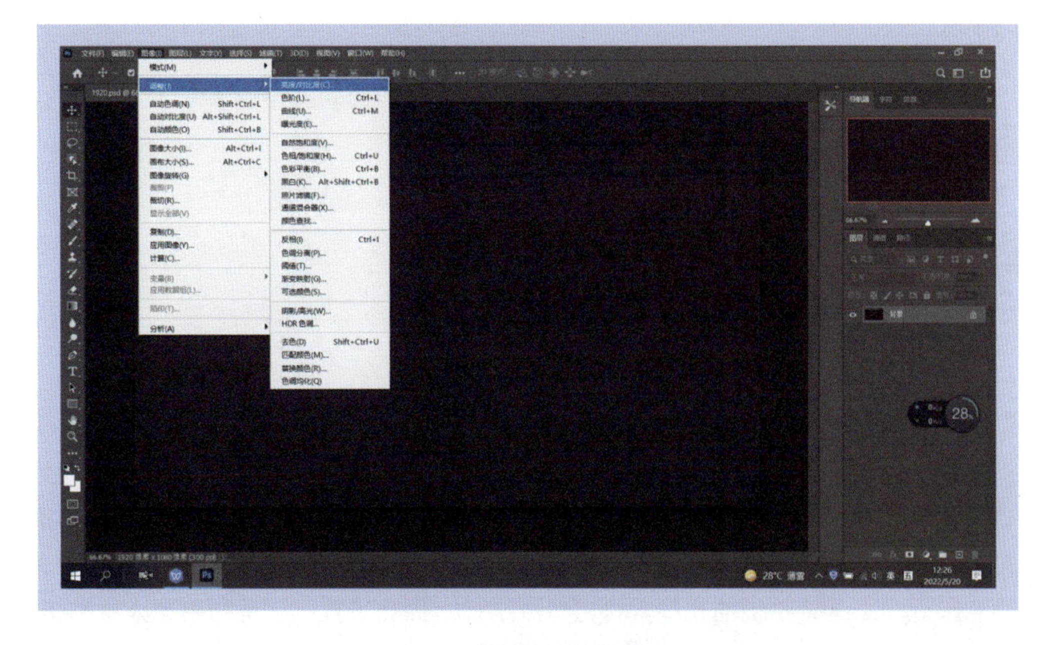

图 3.35　“图像调整”选择界面

另外，PS 软件中菜单栏设有文件（F）、编辑（E）、图像（L）、图层（L）、文字（Y）、选择（S）、滤镜（T）、3D（D）、视图（V）、窗口（W）和帮助（H）11 个分类，每类下面都包含许多工具。即使是常用的工具，也需要大量的时间来学习，并在实际应用中逐步熟练掌握。

考核

（1）笔试考核（5min）

在规定时间内完成以下 3 道问答题。

① PS 2021 软件对计算机配置的基本要求有哪些？

② PS 软件的主要功能有哪些？

③ 常用的快捷键有哪些？

（2）实践考核（10min）

分小组在规定时间内使用 PS 软件，先对一组照片进行裁剪、调色、调对比度处理，再将这些照片编辑到 A4 纸上，并加上少量说明文字。

① 准备器材。计算机、PS 软件、照片和文字素材。

② 进行分组。3 人为 1 组，2 人进行实践操作，1 人进行作业记录。

③ 考核要求。按流程进行操作，在规定时间内完成照片的裁剪、调色、调对比度处理和 A4 纸上照片与文字的编辑。

（3）课后要求

以小组为单位，熟悉 PS 软件各窗口和工作区的功能，练习各种工具的使用方法。

3.2 视频编辑

Premiere，简写 PR，是由 Adobe 公司开发的一款视频编辑软件。PR 软件提供了采集、剪辑、调色、美化音频、字幕添加、输出、DVD 刻录等一整套流程，可以和其他 Adobe 软件高效集成，被广泛地应用于宣传片、广告片、短视频、电视节目和电影的剪辑制作。无人机拍摄的视频后期处理常会用到 PR 软件：一是对拍摄的视频素材进行简单的裁剪，去除多余部分；二是将拍摄的视频素材粗剪成小样，提交审查；三是利用无人机拍摄的视频编辑影片，或结合其他影音素材编辑影片等。因此，掌握 PR 软件是对无人机拍摄者的

一项技能要求。

知识

3.2.1　工作区

PR 软件中的工作区是指针对某类工作优化预设的窗口组合。如 PR 软件主界面上方的“学习”“组件”“编辑”“颜色”“效果”“音频”“图形”“字幕”和“库”，是进入各个工作区的标签，如图 3.36 所示。用鼠标左键点击某个标签，PR 界面就会出现该标签预设的工作区窗口组合。每个标签下的工作区窗口组合，可根据工作需要或个人习惯预设。预设原则是保留常用、关闭无用的功能面板，尽量使工作区简洁明了。

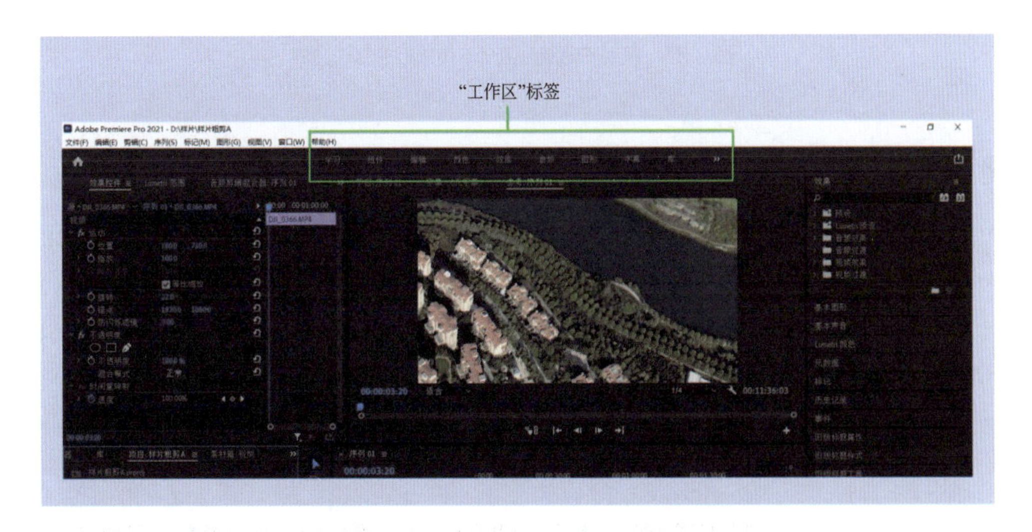

图 3.36　位于界面上方进入各个工作区的标签

3.2.2　面板

PR 软件中的面板是指集合某一类命令的载体。如项目面板集合的是序列路径和名称等信息，以及导入和新建素材的工具等。源面板集合的是浏览媒体素材、标记素材入点和出点以及使用素材的操作等。时间轴面板集合的是音视频轨道、时长控制、素材裁剪、效果控制、转场过渡等功能操作。工具面板集中了选择工具、向前或向后选择轨道工具、波纹编辑工具、剃刀工具、外滑或内滑工具、钢笔工具、手型工具、文字工具等。节目面板集合的是监视音视频编辑效果的窗口和播放控件。效果面板集合的是预设、音视频效果和过渡等效果命令组别。效果控件面板集合的是素材文件名标签、视频运动、不透明度、时间重映射等效果控件。采用不同颜色区分不同面板的区域边界如图 3.37 所示。

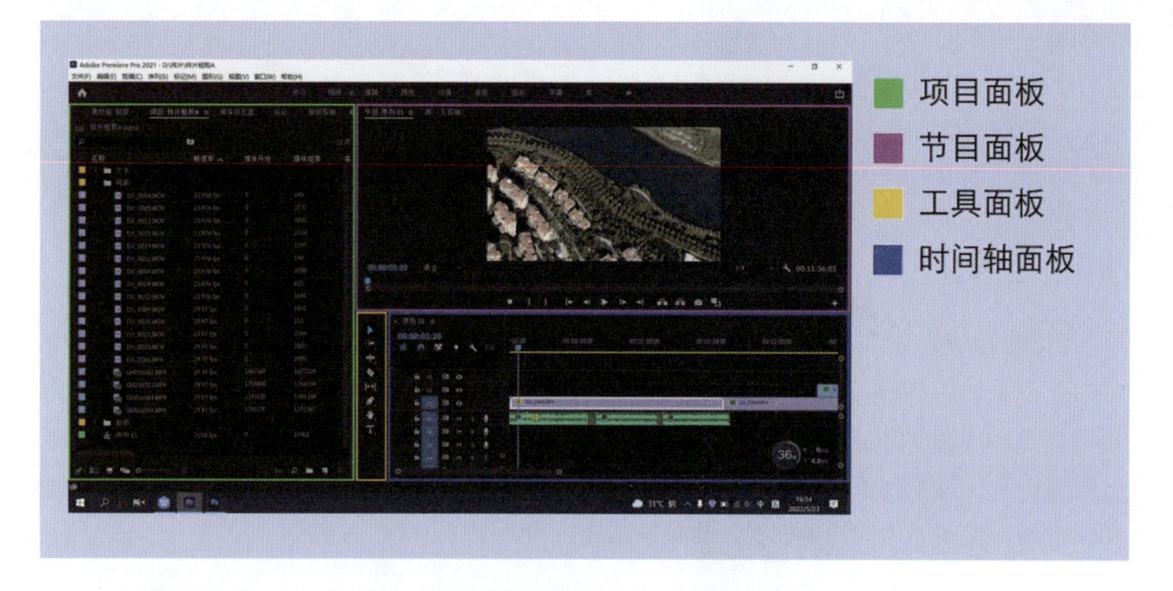

图 3.37　采用不同颜色区分不同面板的区域边界

3.2.3　时长

PR 软件中时长是指音视频时间的长度，显示方式为“时 : 分 : 秒 : 帧”，如图 3.38 所示。基本单位为秒（s），更为精准的时间单位为帧（F）。以帧速率 25F/s 的视频片段为例，1s 的视频片段可细分为 25F。每一帧即是一幅独立的画面。理解时长概念，掌握调整时长显示精度的方法，有助于提高音视频剪辑的效率和精度。例如，需要浏览多个素材片段时可使用以秒为单位的时长精度，需要精准裁剪时可使用以帧为单位的显示精度。

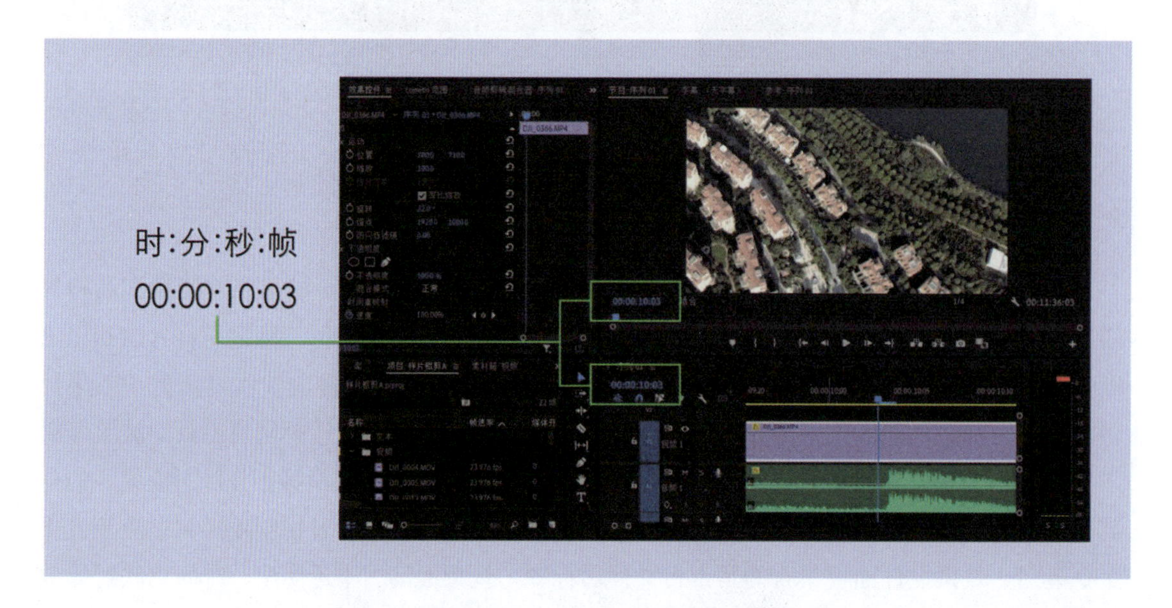

图 3.38 时长信息在节目面板和时间轴面板上的显示位置

3.2.4　像素长宽比

PR 软件中像素长宽比是指像素的长度与宽度比例。长宽比 1.0，表示像素是正方形，放大后看到的就是小方格。PR 编辑视频时采用 1.0 的像素长宽比，即“方形像素”，原视频素材的长宽比例保持不变。如 1920×1080 像素比例的视频编辑输出后仍保持 1920×1080 的像素比例。PR 编辑视频时若采用 1.333 的像素长宽比，即“长方形像素”，可将 1440×1080 像素比例的视频输出为 1920×1080 的像素比例（将视频拉长的原理是 1440×1.333=1920）。理解像素长宽比的概念，掌握查询视频素材像素长宽比的方法（图 3.39），一是可以避免错误选用像素长宽比而导致输出影片长宽比例失调，二是可以根据需要改变视频素材原有的拍摄比例。

图 3.39　查询视频素材像素长宽比的方法

3.2.5　隔行扫描与逐行扫描

隔行扫描与逐行扫描是数字摄像选择的记录格式。在 PR“序列预设”项目中，能看到 1080i（i 代表隔行扫描）和 1080p（p 代表逐行扫描）两种选项，如图 3.40 所示。早期电视拍摄时选择“i”，即为高场或低场隔行扫描；选择“p”，即为无场逐行扫描。两者之间的换算是 50i 相当于 25p。现在不论采用哪种扫描格式拍摄的视频，在 PR 软件中都能自动换算处理。因此，在序列设置时可选用带有“p”字的格式。如“AVCHD 1080p25”就是高清视频普遍选择的序列预设格式。

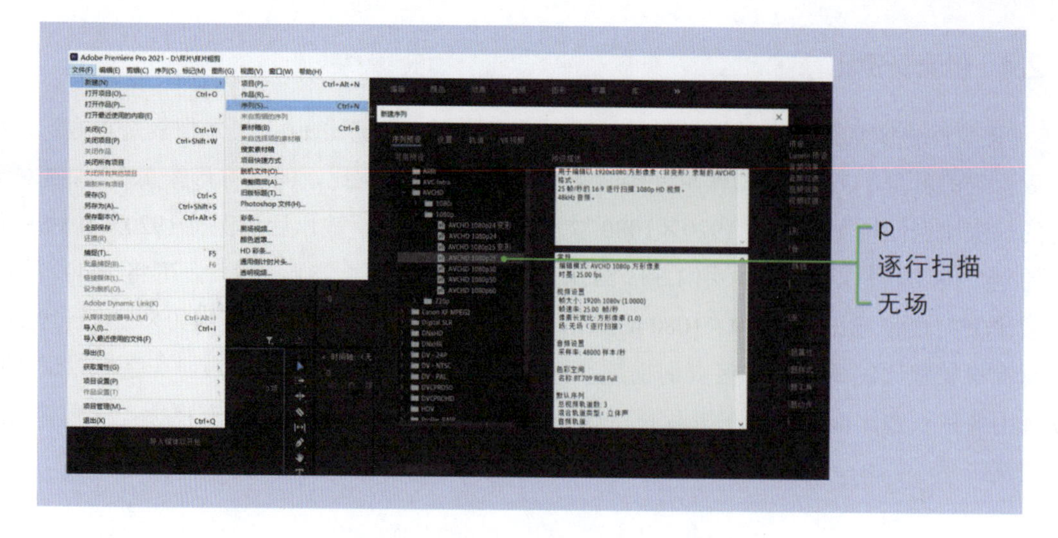

图 3.40 “新建序列”中的逐行扫描格式

3.2.6 色彩深度

色彩深度是指在一个图像中颜色的数量，表示在位图或者视频帧缓冲区中储存 1 像素的颜色所用的位数，也称为“位 / 像素”。色彩深度越高，可用的颜色就越多，反映的色彩就越丰富，所形成的数据量也越大，对计算机配置的要求也就越高。色彩深度是用“n 位颜色”（n-bit colour）来说明的。多数摄影器材拍摄的 RGB 视频色彩深度是 8bit。PR 软件中 RGB 是三个通道，其色彩深度为 8bit×3=24bit。色彩深度为 32bit，一般是多出一个 alpha 通道，也就是蒙版（mask）。

通过“Lumetri 范围”面板查看色彩深度如图 3.41 所示。

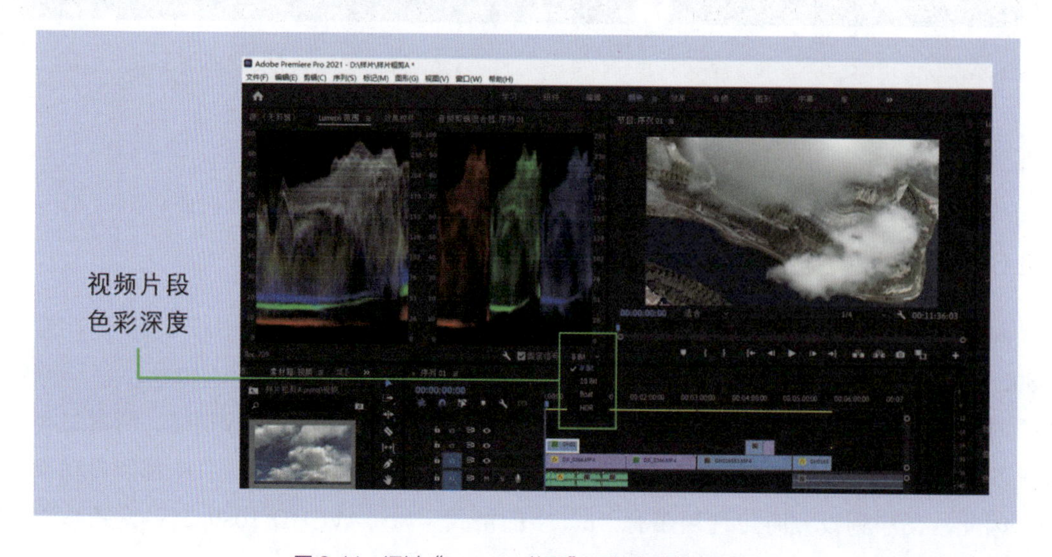

图 3.41 通过“Lumetri 范围”面板查看色彩深度

技能

3.2.7　软件安装

PR 版本很多，版本越新功能越强，但对计算机的硬件要求也越高。以使用 Windows 操作系统的计算机为例，2018 版本可以使用 Win7 操作系统，配置 2 ～ 4GB 内存可正常运行；2020 以后版本需要使用 Win10 操作系统，内存最低要求 8GB。为保证软件运行的流畅，剪辑高清分辨率视频，需要配置 8 ～ 16GB 内存；剪辑 4K 分辨率视频，需要配置 32GB 以上的内存。本书以 Adobe Premiere Pro 2021 版本为例，软件安装环境是 HP ZBOOK15 G5 图形工作站，处理器是 Intel(R) Xeon(R) E-2186M、2.90GHz，操作系统是 Windows 10 专业工作站版，内存是 32GB，硬盘容量是 2TB，达到了软件安装的环境要求，如图 3.42 所示。

图 3.42　Adobe Premiere Pro 2021 版本最低配置要求

3.2.8　新建或打开项目

在安装有 PR 软件的计算机上双击 PR 图标，经过欢迎界面后，屏幕左侧出现“新建项目”和“打开项目”两个选项，如图 3.43 所示。屏幕中间显示“最近使用项”，列出已使用过的项目工程文件名称、距现在的时间、文件大小、文件类型等信息。为方便查找最近使用过的文件，还设置了“筛选”入口。

打开项目有三种方法：一是在被列出的“最近使用项”中选中一个项目工程文件，直接双击打开；二是如果知道项目工程文件名，虽然不在已列出的“最近使用项”中，但可以利用右侧的“筛选”入口，先筛选到再双击打开；三是点击屏幕左侧的“打开项目”，通过目标路径查找想要打开的项目工程文件，如图 3.44 所示。

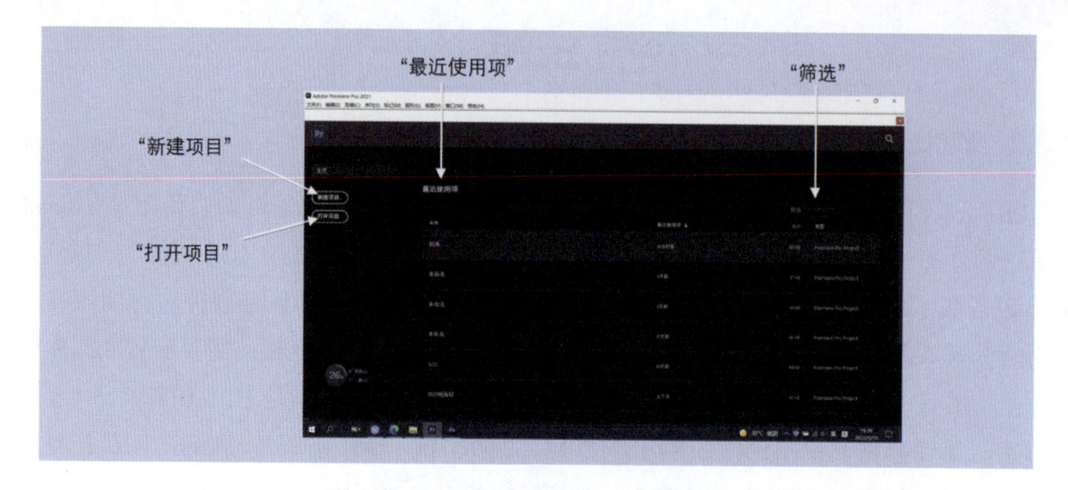

图 3.43　选择新建或打开项目的主页

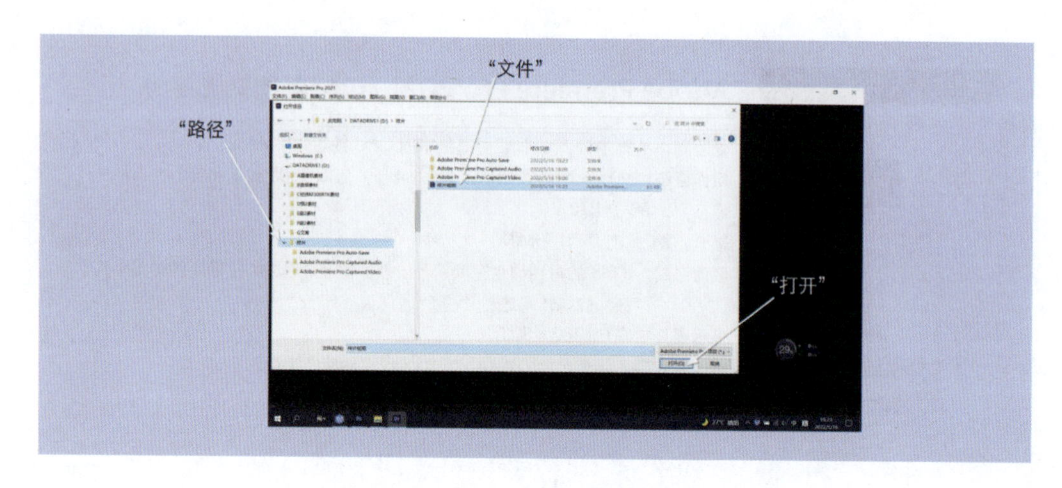

图 3.44　打开项目步骤

若新建一个项目，点击屏幕左侧的“新建项目”，然后屏幕中间会弹出一个“新建项目”设置窗口。其中，“名称”默认的是“未命名”，建议在此处输入项目工程文件名称，以便区分文件和后续查找。在“位置”处，可通过点击右侧的“浏览”按钮，选择一个保存该项目的目标路径。为方便查找，建议与素材路径保持一致。“常规”“暂存盘”和“收录设置”下的参数设置，建议使用系统默认。点击“确定”按钮后，即可进入该项目的工作界面，如图 3.45 所示。

3.2.9　设置首选项

在菜单栏点击“编辑（E）”，在下拉菜单的最下方点击“首选项（N）”，右侧会显示“常规”“外观”“音频”“音频硬件”“自动保存”等 10 多个扩展项，如图 3.46 所示。建议更改的设置项主要是以下几项。

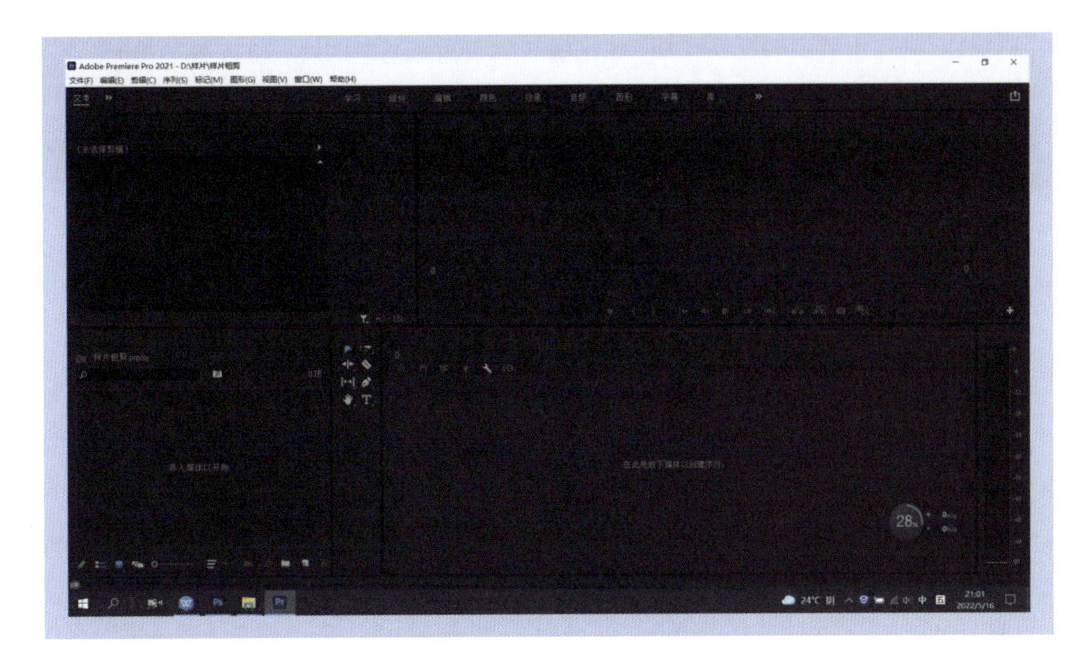

图 3.45　新建项目的工作界面

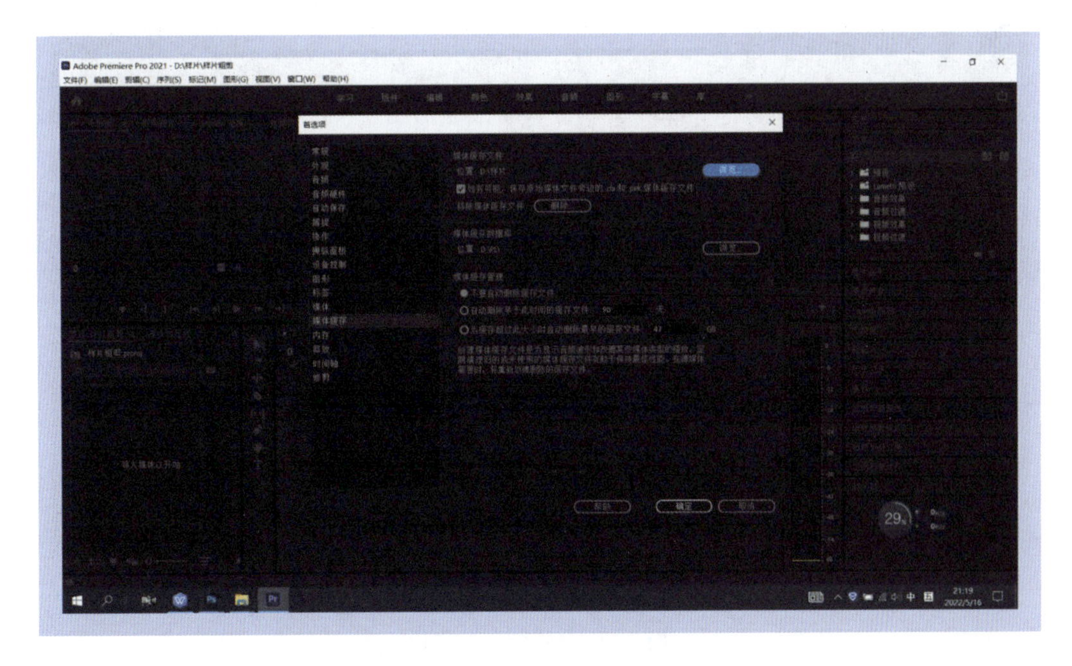

图 3.46　“首选项”设置窗口

①“音频硬件”中音频输出需要根据是否有外置扬声器来确定。

②“自动保存”中的“自动保存时间间隔”默认间隔过长，为避免断电、软件崩溃等意外发生造成损失，建议改为 3min 或 5min；“最大项目版本”中默认保存工程过多，建议设置 5 个或 10 个。

③“媒体”中“不确定的媒体时基”建议选择25.00fps；“时间码”默认为“使用媒体源”，建议改为“从00:00开始”。

④“媒体缓存”中“缓存路径”默认的缓存位置在C盘，建议在D盘专门设一个文件夹；“媒体缓存数据库”建议与前面设置的“缓存路径”一致。

除以上设置外，其他项建议使用系统的默认设置。

3.2.10 新建序列

序列也是剪辑的“时间线”，在菜单栏点击“文件（F）”，在下拉菜单中点击“新建（N）”，在右侧扩展项中点击“新建序列”后，屏幕中间会弹出“新建序列”窗口。快捷键为“Ctrl+N”。窗口中默认打开的是“序列预设”项。在此可根据视频格式需要设置一个序列。以剪辑1920×1080分辨率视频为例，在“可用预设”中点击“AVCHD”，再点击“1080p”，再选中“AVCHD 1080p25”，此时右侧“预设描述”窗口列出该序列设置的各项指标，如图3.47所示。

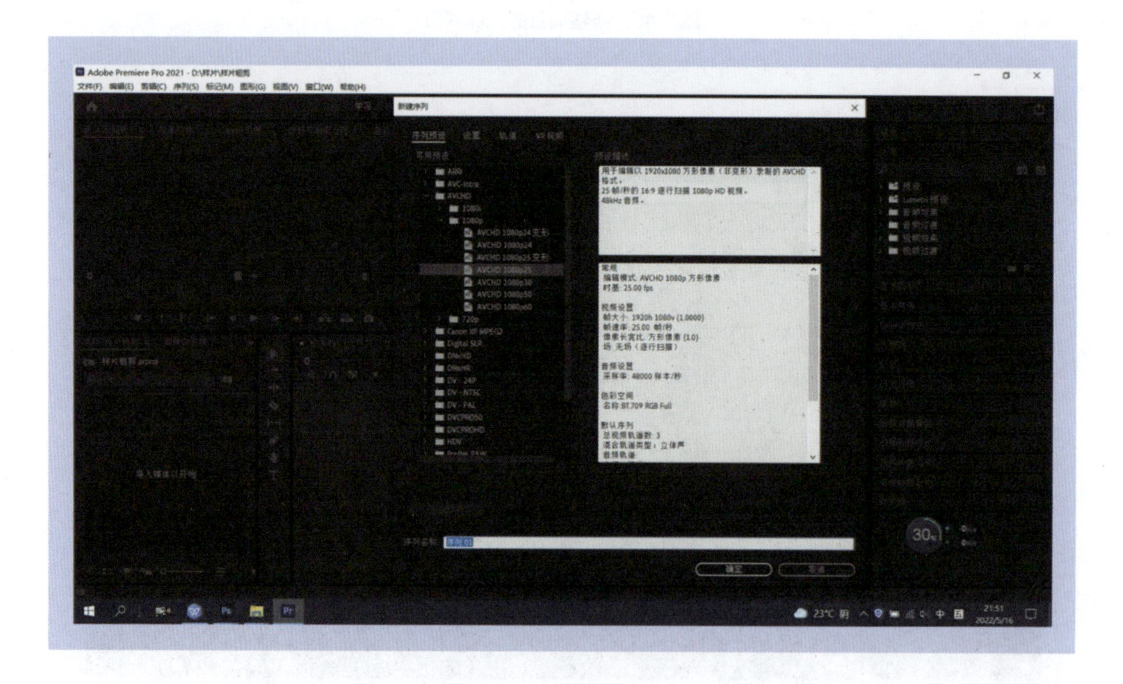

图3.47 “预设描述”窗口

“序列”除上述方法外，还可以通过以下三种方法建立：一是拖拽一个视频素材到时间线上，自动生成一个与素材名称相同的“序列”，该序列的分辨率自动采用拖入素材的分辨率；二是在项目面板空白处按鼠标右键，在弹出的快捷菜单中点击“新建项目”，在右侧扩展项中再点击“序列”；三是在项目面板右下角点击“新建项”图标，在右侧扩展项中再点击“序列”，如图3.48所示。

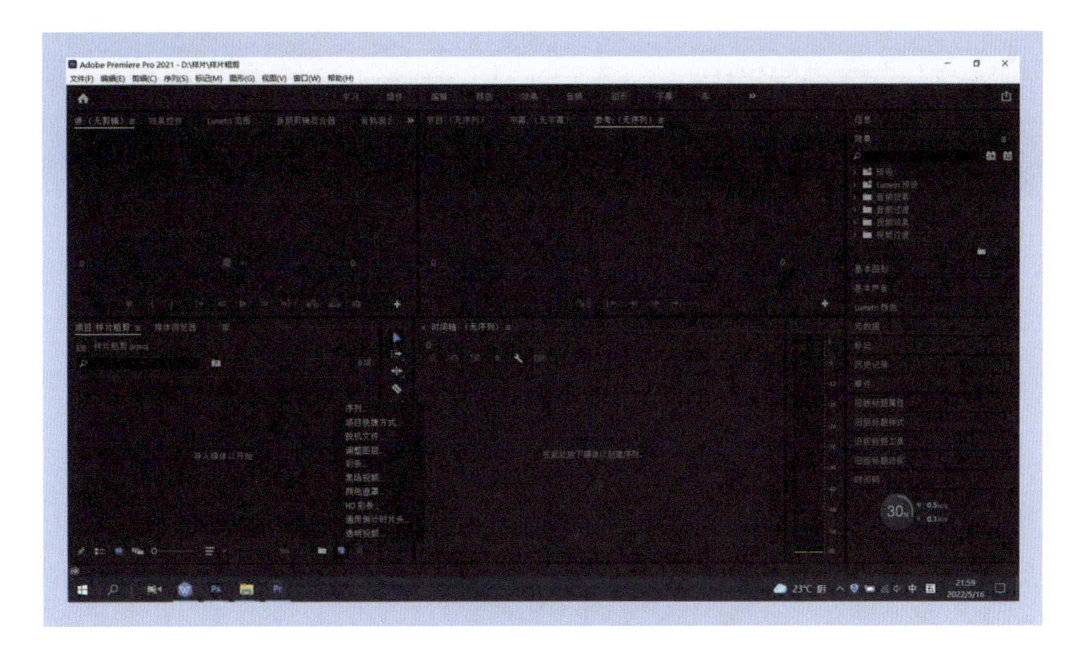

图 3.48　在项目面板点击“新建项”→“序列”

3.2.11　导入素材

序列确定后，在屏幕左下方项目面板内会看到序列图标。鼠标指到项目面板时，该区域边框呈蓝色，表示此工作区为激活状态。在项目面板的空白处按鼠标右键，在弹出的快捷菜单中点击“新建素材箱”，按照提示为素材箱命名后，一个新的“素材箱”就建立了。建立“素材箱”是为了对素材进行归类，避免打开很多素材而不易查找，如按“视频”“音频”“文字”分类设立。在“素材箱”内双击鼠标左键，可通过文件路径查找所需要的素材文件，选中点击“打开”后，该素材便导入到该“素材箱”内。导入素材还有其他方法，如在“项目”面板的空白处按鼠标右键，在弹出的快捷菜单中点击“导入”，或在空白处直接双击鼠标左键，都可以打开查找素材文件的路径。导入的序列和素材名称可以根据需要修改。需要查看素材的属性时，可以将鼠标放到素材上按右键，在弹出的快捷菜单中点击“属性”进行查看；也可以用鼠标左键双击素材，在源窗口查看该素材，或设置剪辑的“入点”和“出点”，如图 3.49 所示。

3.2.12　常用剪辑工具

在项目面板的右侧是工具面板。系统默认的常用剪辑工具分别是“移动工具（V）”“向前或向后选择轨道工具（A）”“波纹编辑工具（B）”“剃刀工具（C）”“外滑或内滑工具（Y）”“钢笔工具（P）”“手型工具（H）”和“文字工具（T）”等，如图 3.50 所示。掌握这些工具的使用是视频剪辑的基本要求。

图 3.49　在源窗口查看该素材

图 3.50　蓝色框内是“剪辑工具”面板

（1）移动工具

如要将素材拖拽到时间轴的视频轨道或音频轨道上，可以使用“移动工具”。素材拖拽方法有两种：一种是从项目面板的素材箱中将素材整体拖拽过来，即先拖后剪；一种是将源面板中编辑过“入点”和“出点”的剪辑素材拖拽过来，即先剪后拖。在视频轨道或音频轨道上移动素材，也可以使用“移动工具”。调整素材片段的长度，也可用“移动工具”。以向前拉长素材片段为例，将“移动工具”光标靠近素材片段“出点”位置，当出现红色箭头光标后，按住鼠标左键向前（右侧）拖动，如图 3.51 所示。

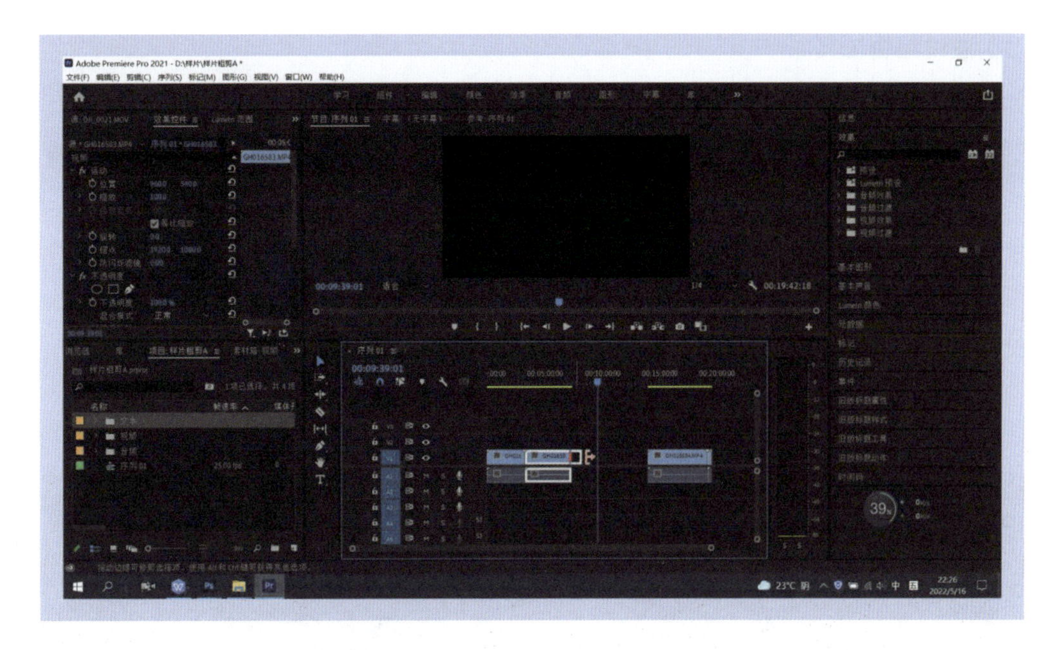

图 3.51　用“移动工具”拉长素材片段

（2）向前或向后选择轨道工具

如要将一个方向的全部素材向前（右）整体移动，就可以使用“向前选择轨道工具（A）”。方法是：选中划分前后位置的素材，再进行向前（右）的移动操作。同理，如要将一个方向的全部素材向后整体移动，就可选择“向前选择轨道工具（A）”项下的“向后选择轨道工具”，将黑色双箭头光标落到前后分界的素材上，向后（左）移动选中的素材片段，如图 3.52 所示。

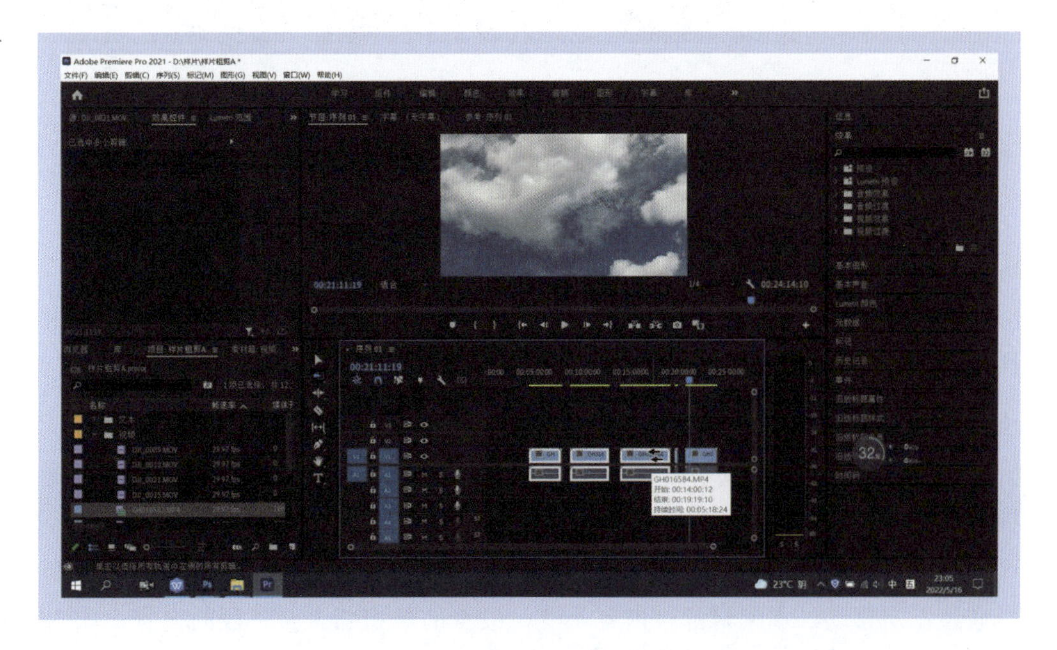

图 3.52　用“向后选择轨道工具”移动多个素材片段

（3）波纹编辑工具

如要调整素材的长短，可使用“波纹编辑工具（B）”，将光标放置到素材的“入点”或“出点”位置拖动收缩。如要对两个相邻的素材做此长彼短的调整，可以使用“波纹编辑工具（B）”项的“滚动编辑工具（N）”，将光标放置到两个素材的中间位置，向左或向右拖动，使两个素材的长短发生变化，但两个素材的总时长不变，如图 3.53 所示。如要调整素材的播放速度，就可使用“波纹编辑工具（B）”项的“比例拉伸工具（R）”，通过左右拖动改变素材的持续时间，实现播出速度的变化。

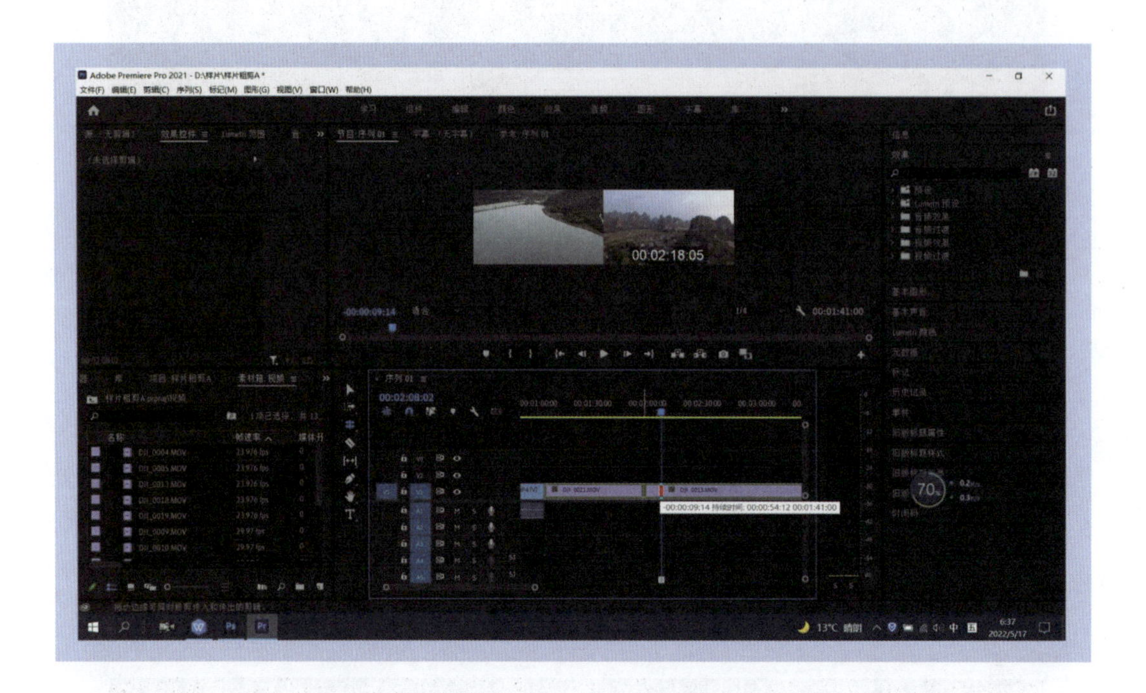

图 3.53 用“滚动编辑工具（N）”调整两段素材时长

（4）剃刀工具

素材被拖拽到时间线后，大多数素材时间会偏长，往往需要使用“剃刀工具（C）”进行裁剪。方法是：将剃刀工具对准要切开的位置并点击鼠标左键，将素材切成两段，再用“移动工具”移走多余的素材，或将其删除，如图 3.54 所示。

（5）外滑或内滑工具

如要保持一个素材片段的总时长不变，只是微调素材的“入点”和“出点”，就可以使用外滑或内滑工具。方法是：将光标置于素材片段上，通过左右移动改变此素材片段的内容；“外滑工具（Y）”项下还有一个“内滑工具（U）”，选择该工具将光标置于素材片段上，通过左右移动，本素材片段内容不变，改变的是相邻素材片段的内容，如图 3.55 所示。

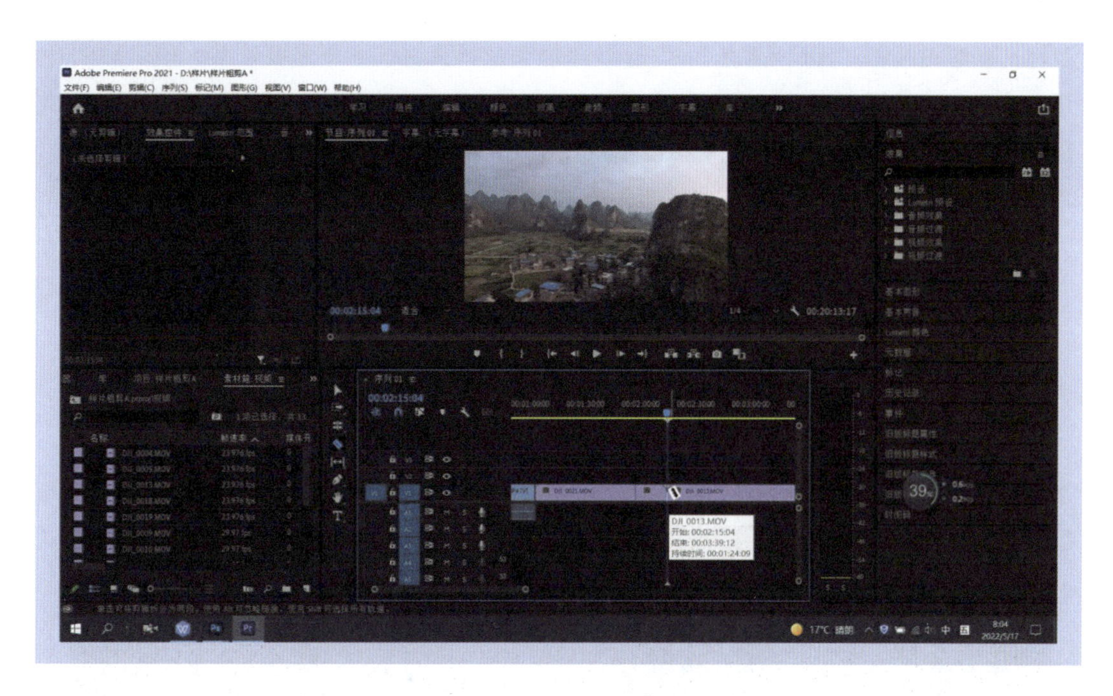

图 3.54　用“剃刀工具”剪辑素材片段

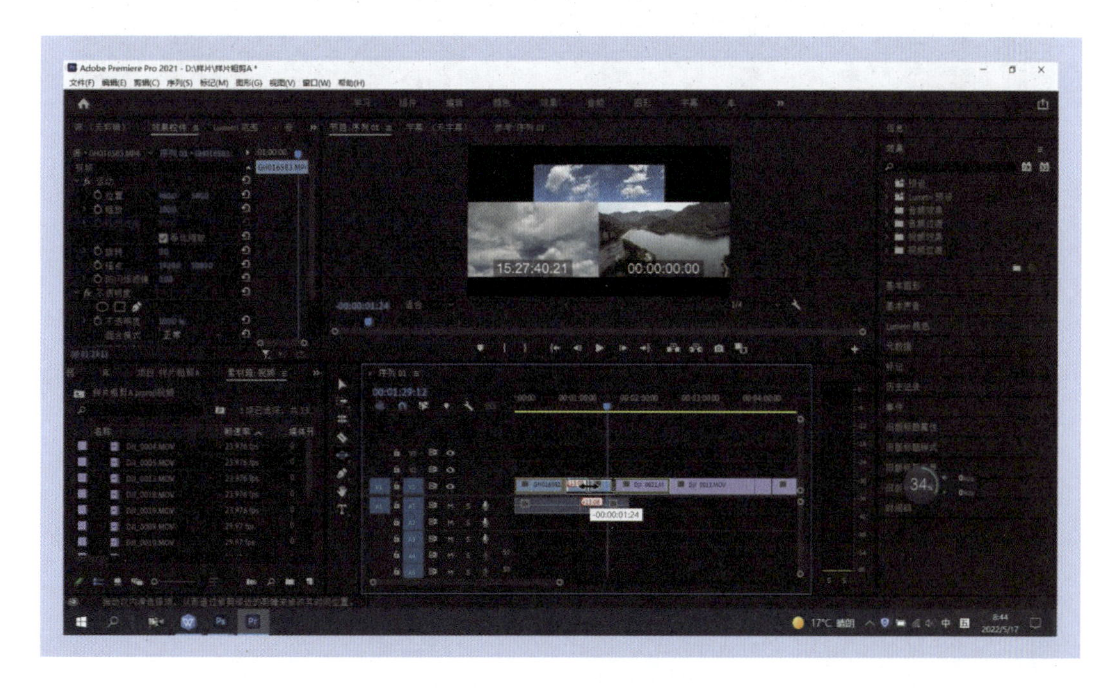

图 3.55　用“内滑工具”调整素材片段

（6）钢笔工具

如要在素材上添加关键帧，可以使用“钢笔工具”。以音频编辑为例，使用“选择工具”选中一段音频素材，为了看清音频素材的波形和音量级别线，可通过点“+”号横向拉长音频素材，可通过按住“Alt”键点“+”号纵向拉宽音频素材。如果需要让某一段音频的音量提升，手动方法是用“钢笔工具”在音量控制线上点出4个关键帧（靠外侧的两个关键帧点在音量固定的位置，靠内侧的两个关键帧点在拟提升音量的位置），然后用“选择工具”点住靠内侧的两个关键帧中间的音量控制线提升。提升过程中素材下方会动态显示此时的音量分贝值，可根据音量分贝值确定提升的最终位置。如果需要让某处音频的音量降低，手动方法是用“钢笔工具”在音量控制线上点出3个关键帧（外侧的两个关键帧点在音量固定位置，中间一个关键帧点在拟调节的位置），然后用“选择工具”点住中间的关键帧向下拖拽，拖拽的最终位置视音量分贝值确定，如图3.56所示。

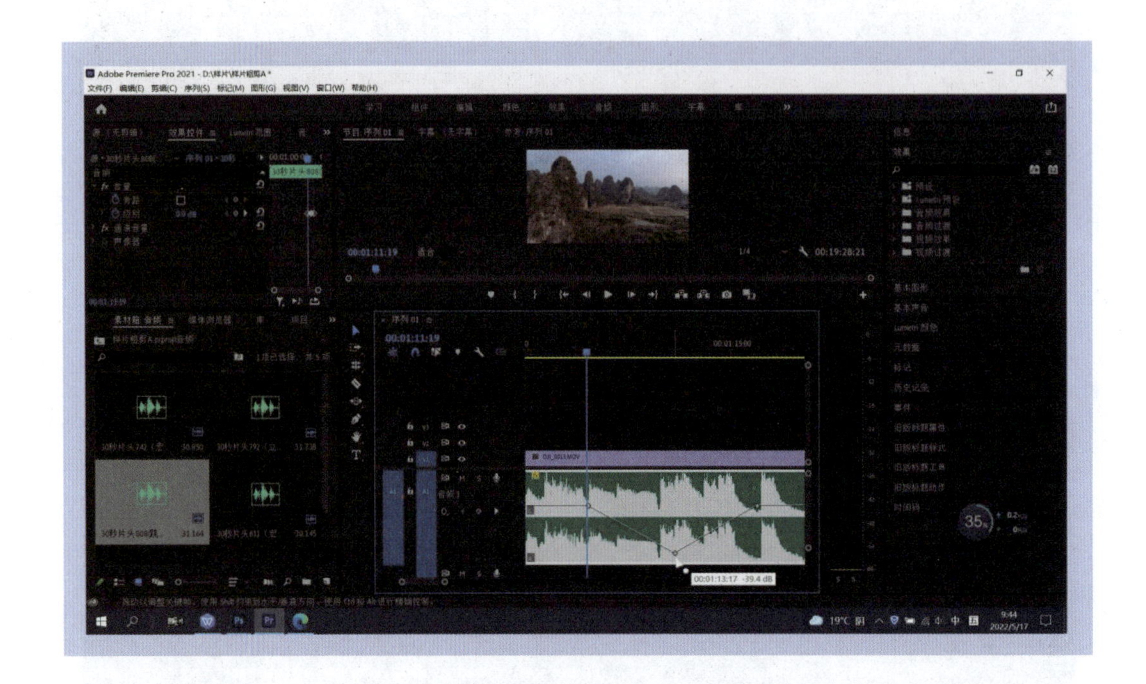

图3.56 用“钢笔工具”建立关键帧后调节音量

（7）手型工具

如要整体移动时间线或播放线，就可使用“手型工具（H）”。“手型工具（H）”项下还有一个“缩放工具（Z）”，可用于放大或缩小时间线。方法是：选择“缩放工具（Z）”，光标呈加号状态时，用鼠标左键点击时间线就会放大；按住“Alt”键呈减号状态时，用鼠标左键点击时间线就会缩小，与使用时间线下方的滑杆作用相同，如图3.57所示。

（8）文字工具

如要添加文字，可使用“文字工具（T）”。方法是：用鼠标左键在“节目窗口”点击一下，出现红色文字输入框后，即可输入文字。“文字工具”默认的是横向排版，选择“垂直文字”可实现竖向排版，如图3.58所示。

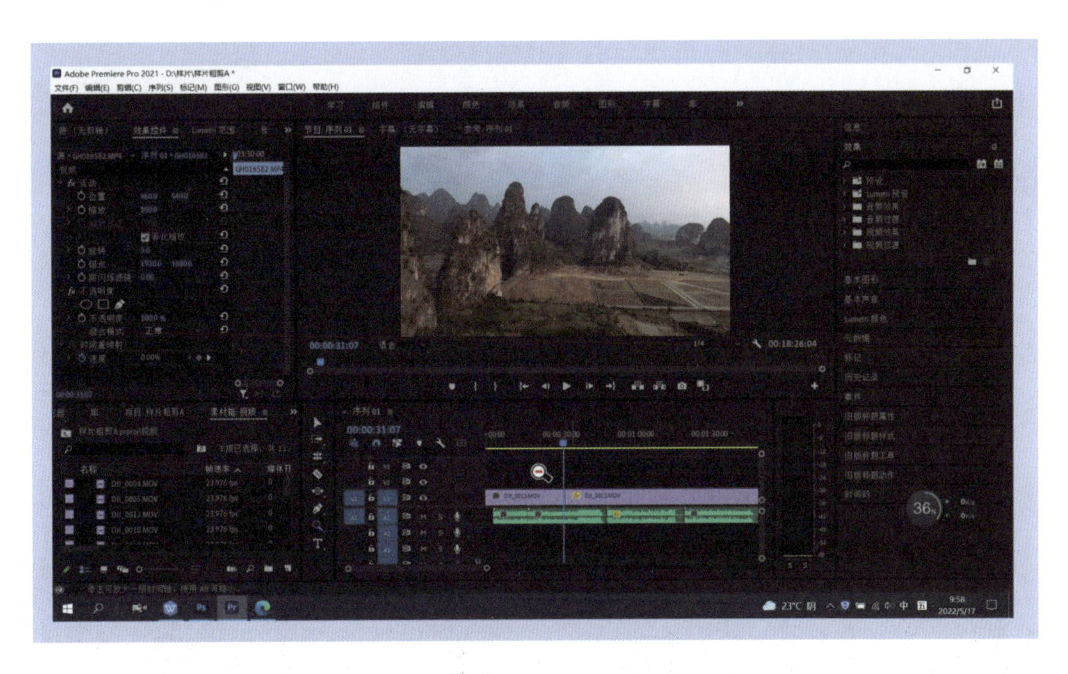

图 3.57　用“缩放工具”缩短时间线

图 3.58　用“文字工具”添加字幕

3.2.13　效果控件

先在源窗口点击“效果控件”，再使用“选择工具”选中一个视频或音频片段，此时“效果控件”会列出该素材的序列名称和素材文件名标签。如果选中的素材是视频片段，“效果控件”会列出与视频有关的“fx 运动”“fx 不透明度”“时间重映射”效果控件。比较常用的是“fx 运动”组内的“位置”“缩放”“旋转”和“不透明度”效果控件，如图 3.59 所示。

图 3.59　常用的“效果控件”

（1）“位置”

素材片段的原分辨率大于序列设定的分辨率时，在序列节目窗口显示的只是素材片段的局部，如 4K 视频素材用在 1920×1080 序列中。在这种情况下，素材片段就有上下左右改变位置的余地。改变“位置”的方法是：修改“位置”的水平坐标值和垂直坐标值，即“位置”右侧的两个数字窗口。如果需要动态地变化素材片段位置（即实现动画效果），按以下操作：第一步，选中“位置”前的“切换动画”按钮，使其变为蓝色，如图 3.60 所示。第二步，拖动“播放线”到想要改变位置的时间点上，单击“位置”右侧的“添加 / 删除关键帧”圆点按钮，使其变为蓝色，在添加关键帧处输入需要的水平和垂直位置坐标。重复第二步，可以分别设置多个时间点、关键帧和位置坐标。

（2）“缩放”

素材片段的原分辨率大于序列设定的分辨率时，在序列节目窗口显示的只是素材片段的局部，如 4K 视频素材用在 1920×1080 序列中。在这种情况下，素材片段就有缩小和放大的余地。实现“缩放”的方法是：修改“缩放”右侧的数值，该数值反映的是在序列节目窗口中显示素材片段的缩放比例（例如数值 100，为 100%）。如果需要动态地显示素材片段的“缩放”（即实现动画效果），按以下操作：第一步，点中“缩放”前的“切换动画”按钮，使其变为蓝色，如图 3.61 所示。第二步，拖动“播放线”到想要改变缩放比例时间点上，点击

“缩放”右侧的“添加 / 删除关键帧”圆点按钮，使其变为蓝色，在添加关键帧处输入需要的缩放比例。重复第二步，可以分别设置多个时间点、关键帧和缩放比例。

图 3.60　在“效果控件”中调整“位置”

图 3.61　用“缩放比例”将画面缩小为 60%

（3）“旋转”

“旋转”常用于调整素材片段的地平线或制造旋转动画效果。方法是：用鼠标左键点住“旋转”右侧的数值，向左拖动实现图像逆时针旋转，向右拖动实现图像顺时针旋转（也可以直接输入修改数值）。如果需要动态地显示素材片段的“旋转”（即实现动画效果），按以下操作：第一步，点中“旋转”前的“切换动画”按钮，使其变为蓝色，如图 3.62 所示。第二步，拖动“播放线”到想要进行旋转的时间点上，点击“旋转”右侧的“添加 / 删除关键帧”圆点按钮，使其变为蓝色，在添加关键帧处输入需要的旋转角度。重复第二步，可以分别设置多个时间点、关键帧和旋转角度。

图 3.62　将素材片段缩小并旋转 30° 的效果

（4）“不透明度”

素材片段默认值“不透明度”是 100%，即不透明。如果需要让素材片段透明，则可用鼠标左键点住“不透明度”右侧的 100% 向左拖动，拖动至 0% 时该素材彻底透明。如果需要动态地显示素材片段的“不透明度”，按以下操作。第一步，点中“不透明度”前的“切换动画”按钮，使其变为蓝色。第二步，拖动“播放线”到想要改变透明度时间点上，点击“不透明度”右侧的“添加 / 删除关键帧”圆点按钮，使其变为蓝色，在添加关键帧处输入需要的百分比值。如在一个素材片段的入点处添加一个关键帧，设“不透明度”百分比为 0%，在播放到 3s 的时间点添加一个关键帧；设“不透明度”百分比为 100%，得到的播放效果是从 0s 到 3s 素材渐渐清晰可见，即渐入效果，如图 3.63 所示。

图 3.63　用“不透明度”实现 3s 渐入效果

3.2.14　控件效果

鼠标左键在“菜单栏”中点击“效果”，在“效果”面板中就会列出“预设”“Lumetri 预设”“音频效果”“音频过渡”“视频效果”“视频过渡”等效果组别。在“视频效果”组中，“水平翻转”“裁剪”“超级键”等是较常用的效果控件，如图 3.64 所示。在“视频过渡”组中，“交叉溶解”“黑场过渡”“交叉缩放”等是较常用的效果控件。

图 3.64　屏幕右侧展开的“视频效果”控件目录

（1）“水平翻转”

用鼠标左键点开“视频效果”组件，再点开“变换”，就可以找到“水平翻转”效果控件。将该效果控件拖拽到需要水平翻转的素材片段上，该素材片段就会实现水平翻转效果。在屏幕左侧“效果控件”面板中能看到“fx 水平翻转”提示，如图 3.65 所示。

图 3.65　使用“水平翻转”控件效果

（2）“裁剪”

用鼠标左键点开“视频效果”组件，再点开“变换”，就可以找到“裁剪”效果控件。将该效果控件拖拽到需要裁剪的素材片段上，再通过屏幕左侧的“效果控件”面板找到“fx 裁剪”项，就能看到“左侧”“顶部”“右侧”“底部”4 个方向的裁剪百分比。用鼠标左键点住某个裁剪百分比向右拖动或直接输入百分比数值，从节目窗口中就能看到按照该百分比裁剪后的效果，如图 3.66 所示。

（3）“超级键”

在许多抠图工具中，“超级键”是比较方便的一种。以一段蓝天白云视频的抠图为例，第一步，用鼠标左键点开“视频效果”组件，再点开“键控”，就可以找到“超级键”效果控件。将该效果控件拖拽到需要抠图的素材片段上，如图 3.67 所示。

第二步，在“效果控件”面板中找到“fx 超级键”项，点击“主要颜色”右侧的吸管图标，再到节目窗口的蓝天白云视频上吸取拟抠除的蓝色，蓝色区域立刻被自动抠除，下层轨道上的地面景物被显露出来，未抠除的白云成为叠加在地面景物上的前景，如图 3.68 所示。

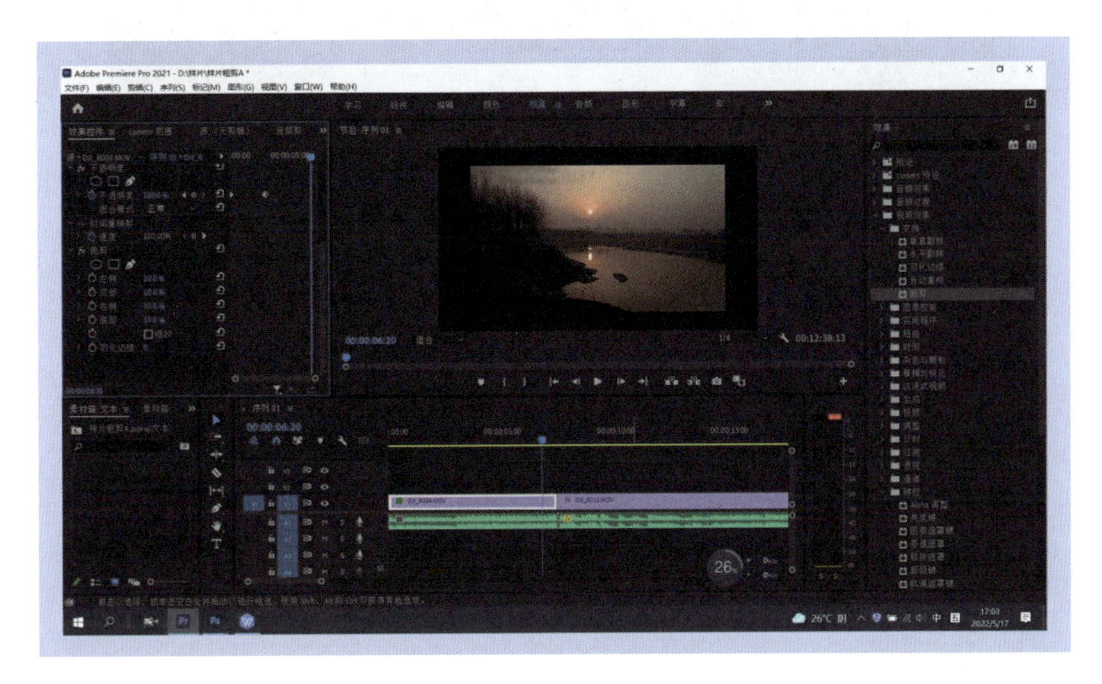

图 3.66　四边均裁剪 10% 的效果

图 3.67　将“超级键”效果控件拖拽到素材片段上

图 3.68　使用“超级键”效果控件效果

（4）“交叉溶解”

用鼠标左键点开“视频过渡”组件，再点开“溶解”，就可以找到“交叉溶解”效果控件。将该效果控件拖拽到需要转场过渡的两个素材片段中间，就可以实现“交叉溶解”转场过渡。以蓝天白云素材片段与地面景物素材片段为例，采用“交叉溶解”效果控件后，从天空到地面的景物不再是切换，而是两个场景在渐渐溶解中完成转换过渡，如图 3.69 所示。用同样的方法，还可以使用“黑场过渡”和“交叉缩放”等溶解过渡形式。

图 3.69　使用“交叉溶解”效果控件效果

（5）“Lumetri 颜色”

使用不同设备在不同时间拍摄的视频，颜色不可能一致，在后期往往需要进行调色处理。调色工具很多，PR 软件自带的“Lumetri 颜色”工具是比较方便实用的一种。使用方法是：用“选择工具”选中需要调整颜色的素材片段，再用鼠标左键点开“Lumetri 颜色”面板。勾选“基本校正”后，面板中会显示出可供使用的工具。如“白平衡”“色调”和“饱和度”等调节工具。展开“白平衡”选项后，又有“白平衡选择器”和“色温”“色彩”调节滑杆。展开“色调”选项后，又有“曝光”“对比度”“高光”“阴影”“白色”和“黑色”等调节滑杆，如图 3.70 所示。

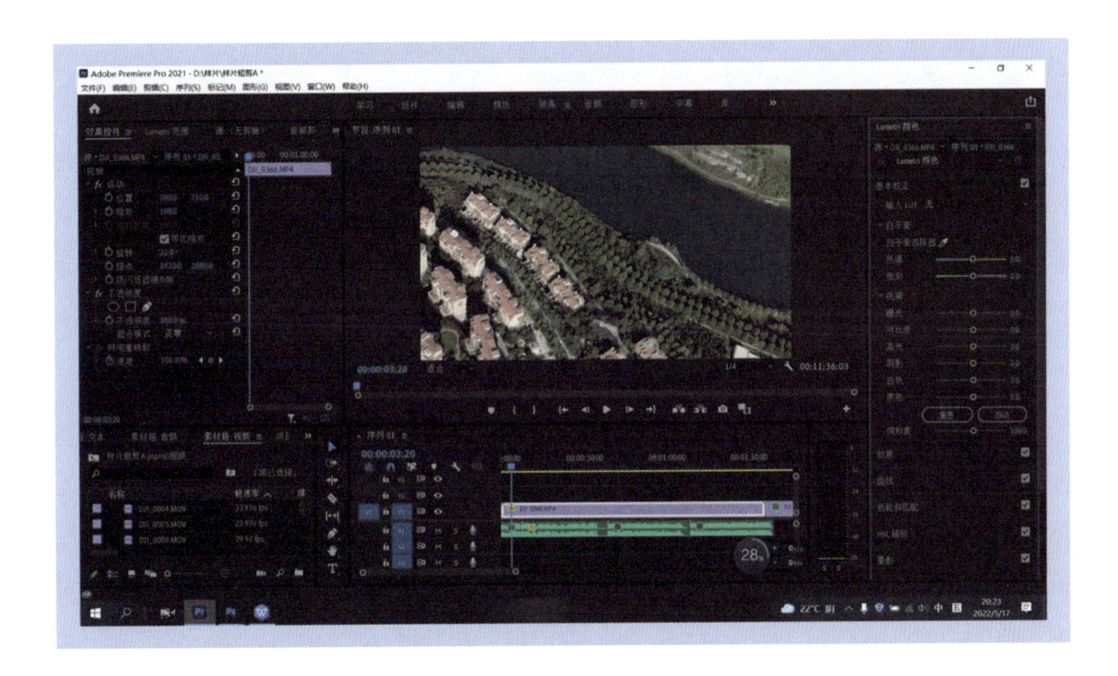

图 3.70　“Lumetri 颜色”面板

在“Lumetri 颜色”面板中，与“基本校正”并列的调色工具还有“创意”“曲线”“色轮和匹配”“HSL 辅助”和“晕影”等。这些调色工具各有特色，如“创意”侧重饱和度调节，“曲线”侧重复合调节等。

考核

（1）笔试考核（5min）

在规定时间内完成以下 3 道问答题。

① PR 2021 软件对计算机配置的基本要求有哪些？

② PR 软件的主要功能有哪些？

③ 常用的快捷键有哪些？

（2）实践考核（10min）

分小组在规定时间内使用PR软件，按指定音乐的节奏，将一组视频素材和文字进行剪辑，并输出为H.264格式的视频文件。

① 准备器材。安装有PR软件的计算机，用于编辑的音乐、视频和文字素材。

② 进行分组。3人为1组，2人进行实践操作，1人进行作业记录。

③ 考核要求。按流程进行操作，在规定时间内完成视频、文字与音乐的剪辑，正确输出视频文件。

（3）课后要求

以小组为单位，熟悉PR软件各窗口和工作区的功能，练习各种工具的使用方法。

参 考 文 献

[1] 张宗寿，彭国平 . 大学摄影基础教程 [M]. 3 版 . 杭州：浙江摄影出版社，2009.

[2] 褚艳萍，傅强，耿飞 . 大学摄影教程 [M]. 北京：人民邮电出版社，2015.

[3] 权军 . 无人机操控师（四级）[M]. 北京：中国劳动社会保障出版社，2015.

[4] 王宝昌 . 无人机航拍技术 [M]. 西安：西北工业大学出版社，2017.

[5] 孙毅，王英勋 . 无人机驾驶员航空知识手册 [M]. 北京：中国民航出版社，2014.

[6] 孙毅 . 无人机驾驶（初级）[M]. 北京：高等教育出版社，2020.